U0446493

思维导图
超级记忆术

宿愿 编著

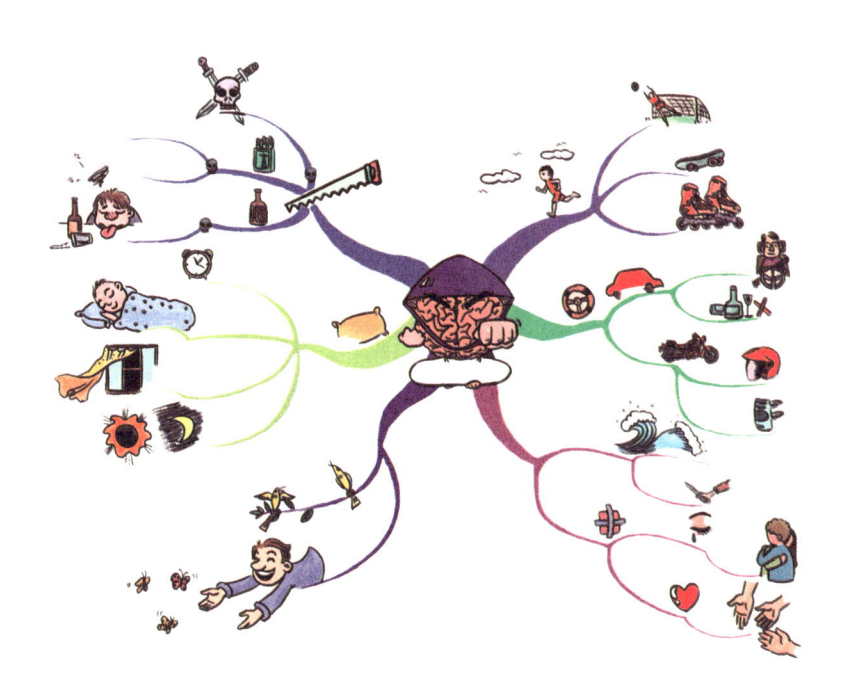

天津出版传媒集团
天津科学技术出版社

图书在版编目(CIP)数据

思维导图超级记忆术 / 宿愿编著. -- 天津:天津科学技术出版社, 2021.5
ISBN 978-7-5576-9202-5

Ⅰ.①思… Ⅱ.①宿… Ⅲ.①记忆术 Ⅳ.①B842.3

中国版本图书馆CIP数据核字(2021)第076686号

思维导图超级记忆术
SIWEI DAOTU CHAOJI JIYISHU

策 划 人:	杨 譞
责任编辑:	马 悦
责任印制:	兰 毅
出　　版:	天津出版传媒集团 天津科学技术出版社
地　　址:	天津市西康路35号
邮　　编:	300051
电　　话:	(022)23332490
网　　址:	www.tjkjcbs.com.cn
发　　行:	新华书店经销
印　　刷:	北京市松源印刷有限公司

开本 880×1230 1/32 印张 4.5 字数 92 000
2021年5月第1版第1次印刷
定价:36.00元

PREFACE 前言

思维导图又叫心智图，是表达发散型思维的有效图形思维工具，它运用图文并重的技巧，把各级主题的关系用相互隶属或相关的层级图表现出来，把主题关键词与图像、颜色等建立记忆链接，充分运用左右脑的机能，利用记忆、阅读、思维的规律，协助人们在科学与艺术、逻辑与想象之间平衡发展，从而开启人类大脑的沉睡潜能。

我们知道，每一种进入大脑的资料，不论是感觉、记忆或是想法——包括文字、数字、代码、食物、香气、线条、颜色、意象、节奏、音符等，都可以成为一个思考中心，并由此中心向外发散出成千上万的关节点，每一个关节点代表与中心主题的一个链接，而每一个链接又可以成为另一个中心主题，再向外发散出成千上万的关节点，而这些关节的组合可以视为个人的记忆，也就是个人的数据库。人类从一出生就开始累积这些庞大且复杂的数据库,在使用思维导图后,大脑的资料存储就变得简单明晰,更具效率,也更加轻松有趣了。

"思维导图"概念的提出,标志着人类对大脑潜能的开发进入了一个新的阶段。如今,这一由英国"记忆之父"东尼·博赞发明的思维工具,已成为21世纪的革命性思维工具,并成功改变全世界超过2.5亿人的思维习惯。

本书在综合记忆领域研究成果的基础上,以浅显易懂的文字和图示,解释了记忆的复杂机制,系统地阐述了记忆力的形成、保持、再现以及遗忘等记忆活动的规律特点,深入探讨了影响记忆力的因素,并介绍了多种快速高效的记忆方法。掌握书中这些技巧和方法以后,你会发现自己的记忆力提高了,处理问题也更加得心应手。

本书对于学生、上班族、需要创造力及想象力的专业人士,以及随着年龄增长而有必要重新给大脑充电的人,都有很大的帮助,能让你轻松牢记海量信息,和健忘说再见。当一大批人已经认识到思维导图的巨大价值,使用思维导图并获益的时候,希望你也成为他们当中的一员!

CONTENTS 目录

第一章 记忆与遗忘一样有规律可循

第一节 不可回避的遗忘规律 2

第二节 改变命运的记忆术 7

第三节 记忆的前提：注意力训练 10

第四节 记忆的魔法：想象力训练 14

第五节 记忆的基石：观察力训练 18

第六节 右脑的记忆力是左脑的 100 万倍 20

第七节 思维导图里的词汇记忆法 26

第八节 不想遗忘，就重复记忆 28

第九节 思维是记忆的向导 33

第二章 超级记忆的秘诀

第一节 超右脑照相记忆法 38

第二节 进入右脑思维模式 42

第三节 给知识编码，加深记忆 45

1

第四节 用夸张的手法强化印象 48
第五节 造就非凡记忆力 53
第六节 神奇比喻，降低理解难度 56
第七节 另类思维创造记忆天才 59
第八节 左右脑并用创造记忆的神奇效果 63
第九节 快速提升记忆的9大法则 66

第三章　引爆记忆潜能

第一节 你的记忆潜能开发了多少 72
第二节 明确记忆意图，增强记忆效果 76
第三节 记忆强弱直接决定成绩好坏 79
第四节 寻找记忆好坏的衡量标准 82
第五节 掌握记忆规律，突破制约瓶颈 84
第六节 改善思维习惯，打破思维定式 86
第七节 有自信，才有提升记忆的可能 91
第八节 培养兴趣是提升记忆的基石 93
第九节 观察力是强化记忆的前提 96

第四章　对症下药记忆法

第一节　外语知识记忆法 102

第二节　人文知识记忆法 106

第三节　数学知识记忆法 111

第四节　化学知识记忆法 114

第五节　历史知识记忆法 119

第六节　物理知识记忆法 124

第七节　地理知识记忆法 128

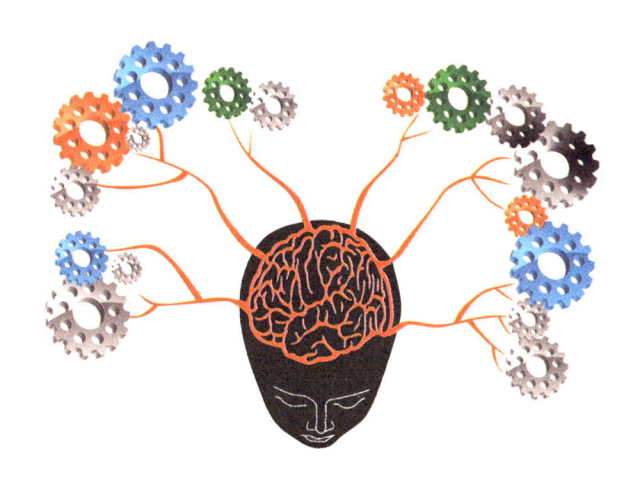

第一章

记忆与遗忘一样
有规律可循

第一节
不可回避的遗忘规律

在日常生活中,我们对经历过的事情、体验过的情感、思考过的问题等,都会在大脑中留下一定的痕迹。这些痕迹在日后一定的条件下,就可能重新被"激活",使我们重现当时的情境或体验。

假如,某天有人问你:"你能记得回家的路线吗?"

也许你会反驳道:"一只小狗都认得回家的路,难道我会不认得吗?"

倘若又有人问你:"如果你想记住你爸爸的生日,能记得住吗?"

你可能回答说:"当然没问题啦,一次记不住,可以两次……一天记不住,可以两天……"

如果以上两个问题你都回答了"是的!"那么就表示你与我们达成了共识。从理论与实践上来说,每个人都可以记住任何他想要记住的东西,只有当大量记忆的时候,才会出现"部分遗忘"的情况。

记忆的对立面就是遗忘。

在认识遗忘之前,我们应对记忆有个大致了解。

记忆是大脑对于过去经验中发生过的事情的反映,是对过

不同的记忆类型

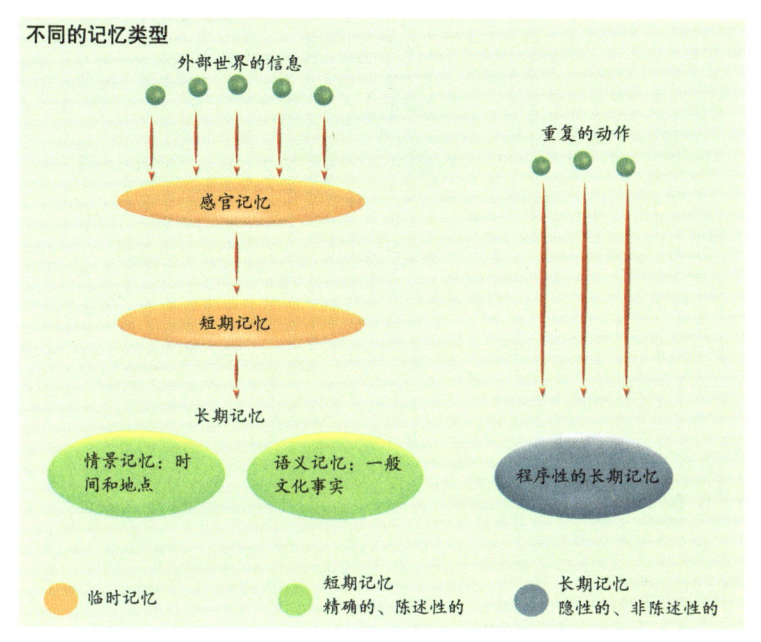

外部世界的信息 → 感官记忆 → 短期记忆 → 长期记忆

- 情景记忆：时间和地点
- 语义记忆：一般文化事实

重复的动作 → 程序性的长期记忆

- 临时记忆
- 短期记忆 精确的、陈述性的
- 长期记忆 隐性的、非陈述性的

▫ 为了描述记忆的类型，心理学家设计了一个空间模型，如同一张房屋地图，每个房间代表一种记忆类型。

去感知过的事物在大脑中留下的痕迹，记忆是智力活动的仓库。

简而言之，记忆就是把需要记忆的元素形成一种链接，是学习的过程。随着脑科学的发展，人们对记忆不断有新的认识，对记忆分类也不断出现新的方法。

经典的分类是将人类的记忆按照记忆发生和保持的时间长短分为即时记忆、短期记忆、长期记忆。

即时记忆

即时记忆又称瞬间记忆，通常情况下，多数人并不会特别注意它。对即时记忆的最佳描述是：用它来记忆一些立即要做出反应的信息。

即时记忆经常被应用于我们的生活中，比如当你在通讯录上逐一打电话给自己的朋友时，每个电话号码的记忆只维持到接通为止；比如读者在读书时，对每个字的记忆也只维持到能将下一个字的意思连贯起来为止。

但如果有人问，在这段文章中，"我"这个字出现了多少次，就多半答不出来。但是对上面这些字读者必须记住一段时间，否则就不能了解它们所在句子的意思。这种将信息维持到足以完成工作的时间，就是即时记忆的特性。

或许我们会有这样的经历，走路时，看到沿途的建筑物、风景、奔驰而过的汽车、穿梭的行人、可爱的小狗，听到各种不同的声音，这些都作为短时记忆进入脑海。

只要不是特别引人注目的事情或事件，就会很快忘记。听见身后的汽车鸣笛便躲开，看见前面有水洼就绕着走，诸如此类的事情都没必要长时记忆，因此瞬间记忆在生活中是不可忽视的。

短期记忆

短期记忆是一个中继站，等待记忆的内容在这里可以被有意识地保存着，并为进入长期记忆做好准备。不过，短期记忆的容量是很有限的。

有时，我们为了能够将某些材料记住长达几个小时，譬如一份简单的报告、一部准备第二天演讲的稿子、一篇即将讨论的学习主题等，我们必须通过巩固程序，将即时记忆过渡到短期记忆的阶段。

其实，这就是我们在巩固进入大脑的东西，并让这部分信息的印象停留在脑海中超过30秒的时间。这种记忆被人们称为短期记忆。

长期记忆

长期记忆与短期记忆有个最显著的差别，就是信息容量非常大，而且信息可以在这里被长期保存。长期记忆所保存的信息并不是一成不变的，也会随着时间的流逝而发生一定程度的变化。

各种信息在长期记忆系统中的组织情况决定了从长期记忆中寻找信息的难易程度。组合信息的技巧有很多，最重要的是要有一个基本认识：组织信息远比取出信息时的工作重要。

有时你会觉得很难记起一天或一周前所学的东西，主要的原因便是没有系统地把学到的东西加以组织，再输入记忆系统。假如你这样做了，记忆时就不会那么难了。总而言之，要增进记忆，首先要改善对信息的组织能力。

以上就是记忆的三种分类。

对记忆有所认识以后，我们继续回到遗忘上。我们把对于识记过的事物，不能回忆，则称为遗忘；如果既无法回忆又无法认知，则称为完全遗忘。

也可以说，遗忘是指记忆元素之间的链接淡化甚至消失，导致你对某东西再也不能回忆起来。

遗忘也分为暂时遗忘与完全遗忘。

记忆和遗忘与人类生活息息相关，无时无刻不在影响和改变着我们的生活。

记忆在每个人身上的表现是不同的，有的人过目不忘，有的人则相对弱些。我们都会有这样的经历，如果一个东西多次出现在眼前、浮现在脑海，那么我们对它的印象就深一些，反之就会自然遗忘，记忆与遗忘就如同自由和约束的关系一样，如果没有遗忘，便无所谓记忆。德国心理学家艾宾浩斯提出了著名的"艾宾浩斯遗忘原理"，对人类的记忆产生了积极的影响。举个学习中的小例子，如果你在记忆单词时，只记忆了一次，第二天或者第三天你肯定会忘记它的。所以，想要记住一样东西必须反复地复习记忆，以达到牢记状态。

而实践证明，遵循"艾宾浩斯遗忘原理"进行复习和记忆，耗时将会是最少的。或许你会说"有些东西很特别，我看过一次就永远牢记了"，事实上是由于它的特殊性，因此在后来你经常会回忆起它，那么，说明你已经在不知不觉中复习了它。

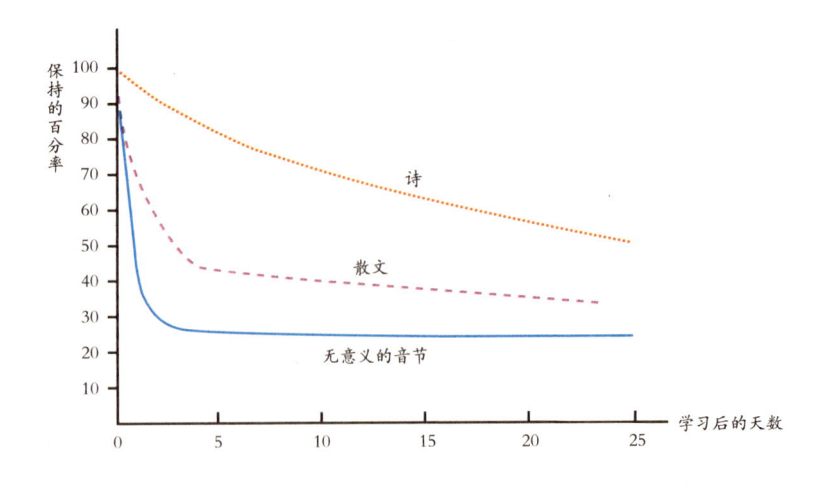

从艾宾浩斯遗忘曲线可以总结出遗忘的一般规律：人们在记忆材料20分钟之后，遗忘率就会达到42%，1小时后的遗忘率高达56%，到了9个小时之后达到64%。

由此可见，记忆内容在最初的时候最容易遗忘，时间愈久，则遗忘的速度越慢。掌握这个规律，我们便可以在记忆过程中采取相应的对策，在遗忘内容之前适时地加以复习。在不同的时间复习需要记忆的内容，会产生截然不同的记忆效果，如果是抢在遗忘的高峰之前复习记忆内容，那么会达到强化记忆、加深印象的效果；如果是在遗忘了以后复习，那么这就意味着要重新学习，导致浪费。

这就是许多人学了忘，忘了学，再学了忘，忘了学，进入了一种怪圈的原因。进入怪圈后，不断地遗忘成了恶性循环，所以就会产生害怕和厌恶学习的心理。

思维导图记忆术作为一种全新的记忆技巧，弥补了遗忘带给人类的种种缺陷。

第二节
改变命运的记忆术

记忆无时无刻不在与人们的生活、学习中发生着紧密的联系。没有记忆人就无法生存。

历史上，从希腊社会以来，就有一些不可思议的记忆技巧流传下来，这些技巧的使用者能以顺序、倒序或者任意顺序记住数百数千件事物，他们能表演特殊的记忆技巧，能够完整地记住某一个领域的全部知识，等等。

后来有人称这种特殊的记忆规则为"记忆术"。随着社会的发展，人们逐渐意识到这些方法能使大脑更快、更容易记住一些事物，并且能使记忆保持得更长久。

实际上，这些方法对改进大脑的记忆非常明显，也是大脑本来就具有的能力。

有关研究表明，只要训练得当，每个正常人都有很高的记忆力，人的大脑记忆的潜力是很大的，可以容纳5亿本书那么多的信息——这是一个很难装满的知识库。但是由于种种原因，人的记忆力没有得到充分的发挥，可以说，每个人可以挖掘的记忆潜力都是非常巨大的。

思维导图，最早就是一种记忆技巧。

我们已经了解到，人脑对图像的加工记忆能力大约是文字的1000倍。让你更有效地把信息放进你的大脑，或是把信息从你的大脑中取出来，一幅思维导图是最简单的方法——这就是作为一种思维工具的思维导图所要做的工作。

在拓展大脑潜力方面，记忆术同样离不开想象和联想，并以想象和联想为基础，以便产生新的可记忆图像。我们平时所谈到的创造性思维也是以想象和联想为基础的。两者比较起来，记忆术是将两个事物联系起来从而重新创造出第三个图像，最终只是达到简单地要记住某个东西的目的。思维导图记忆术一个特别有用的应用是寻找"丢失"的记忆，比如你突然想不起来一个人的名字，忘记了把某个东西放到哪儿去了，等等。

在这种情况下，对于这个"丢失"的记忆，我们可以采用思维的联想力量，这时，我们可以让思维导图的中心空着，如果这个"丢失"的中心是一个人名字的话，围绕在它周围的一些主要分支可能就是像性别、年龄、爱好、特长、外貌、声音、学校或职业以及与对方见面的时间和地点，等等。

通过细致地罗列，我们会极大地提高大脑从记忆仓库里辨认出这个中心的可能性，从而轻易地确认这个对象。

据此，编者画了一幅简单的思维导图：

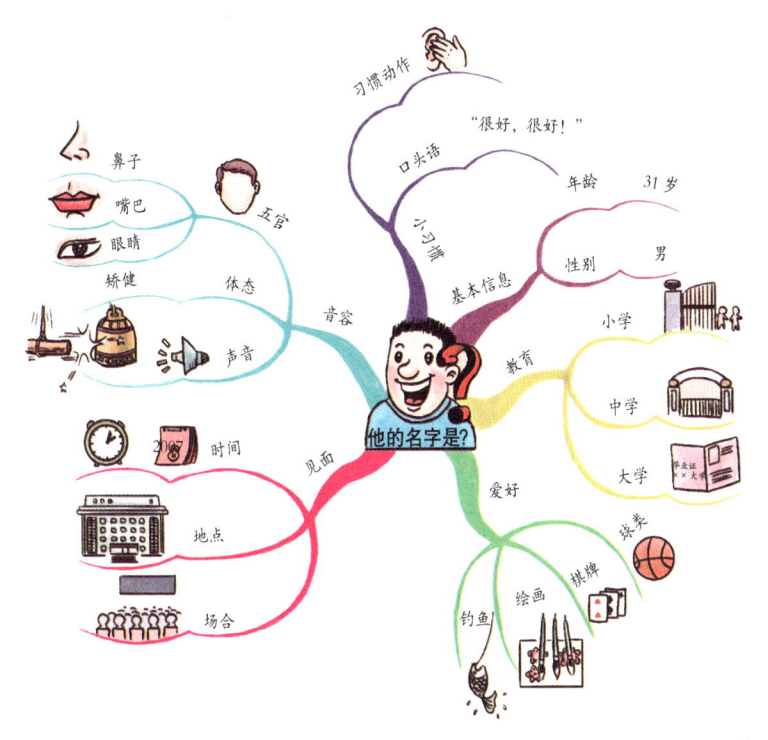

受此启发，你也可以回想自己曾经忘记的人和事，借助思维导图记忆术把他们一一"找"回来。

如果平时，我们尝试把思维导图记忆术应用到更广的范围的话，那么就会有效地解决更多的问题。

思维导图记忆术需要不断地练习，让它潜移默化你的生活、学习和工作，才会发生更大的效用，甚至彻底改变你的人生。

第三节
记忆的前提：注意力训练

《孟子》中有则寓言《学弈》，大意说的是两个人同向当时的围棋高手奕秋学围棋，"其一人专心致志，惟奕秋之为听；一人虽听之，一心以为有鸿鹄将至，思援弓缴而射之。虽与之俱学，弗若之矣。为是其智弗若与曰：非然也。"

意思是说，这两个人虽一起学习，但一个专心致志，另一个则总是想着射鸟，结果二人的棋术进展可想而知。

这则寓言告诉我们，学习成绩的差距并不是由于智力，而是由注意程度的差距造成的。只有集中注意力，才能获得满意的学记效果；如果在学记时分散注意力，即使是花费很长时间，也不会有明显的学记效果。有很多青少年不知道这个道理，也常常因注意力不集中而苦恼，下面简单介绍几种训练注意力的方法：

训练1：

把收音机的音量逐渐关小到刚能听清楚时认真地听，听3分钟后回忆所听到的内容。

训练2：

在桌上摆三四件小物品，如瓶子、铅笔、书本、水杯等，对每件物品进行追踪思考各两分钟，即在两分钟内思考与某件物品的一系列有关内容，比如思考瓶子时，想到各种各样的瓶子，想到各种瓶子的用途，想到瓶子的制造，造玻璃的矿石来源等。

这时，控制自己不想别的物品，两分钟后，立即把注意力转移到第二件物品上。开始时，较难做到两分钟后的迅速转移，但如果每天练习10多分钟，两周后情况就大有好转了。

训练3：

盯住一张画，然后闭上眼睛，回忆画面内容，尽量做到完整，例如画中的人物、衣着、桌椅及各种摆设。回忆后睁开眼睛再看一下原画，如不完整，再重新回忆一遍。这个训练既可培养注意力集中的能力，也可提高更广范围的想象能力。

或者，在地图上寻找一个不太熟悉的城镇，在图上找出各个标记数字与其对应的建筑物，也能提高观察时集中注意力的能力。

训练4：

准备一张白纸，用7分钟时间，写完1～300这一系列数字。测验前先练习一下，感到书写流利、很有把握后再开始，

觉醒和注意力系统

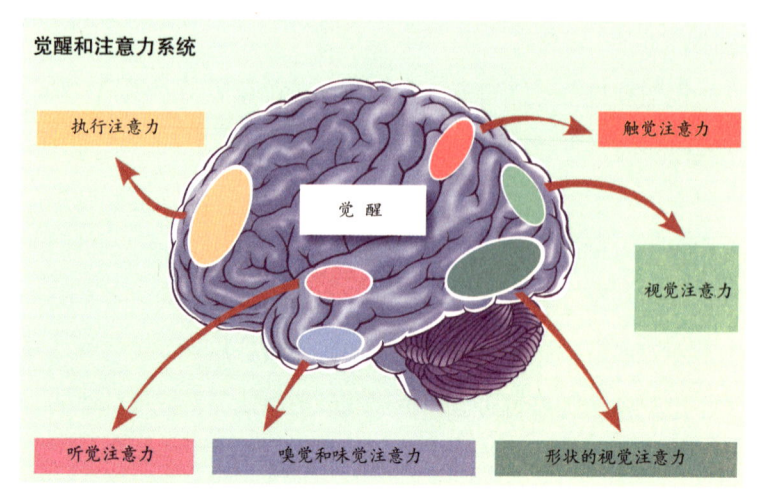

□ 觉醒和警醒能保证大脑对突然出现的不可预料的事做出反应。另外，大脑对每个感觉领域都保持着特别的注意力，而集中注意力能让我们调动显著能力去实现一个确定的行为和应对明显的矛盾冲突。

注意掌握时间，越接近结束速度会越慢，稍微放慢就会写不完。一般写到199时每个数不到1秒钟，后面的数字书写每个要超过1秒钟，另外换行书写也需花时间。

测验要求：能看清所写的字，不至于过分潦草；写错了不许改，也不许做标记，接着写下去；到规定时间，如写不完必须停笔。

结果评定：第一次差错出现在100以前为注意力较差；出现在101~180间为注意力一般；出现在181~240间是注意力较好的；超过240出差错或完全对是注意力优秀。总的差错在7个以上为较差；错4~7个为一般；错2~3个为较好；只错一个为优秀。如果差错在100以前就出现了，但总的差错只有一两次，这种注意力仍是属于较好的。要是到180后才出错，但错得较多，说明这个人易于集中注意力，但很难维持下去。在规定时间内写不完则说明反应速度慢。

将测验情况记录，留与以后的测验做比较。

训练5：

假设你在读一本书、看一本杂志或一张报纸，你对它并不感兴趣，突然发现自己想到了大约10年前在墨西哥看的一场斗牛，你是怎样想到那里去的呢？看一下那本书你或许会发现你所读的最后一句话写的是遇难船发出了失事信号，集中分析一下思路，你可能会回忆出下面的过程：遇难船使你想起了英法大战中的船只，有的人得救了，其他的人沉没了。你想到了死去的4位著名牧师，他们把自己的救生圈留给了水手。有一枚邮票纪念他们，由此你想到了其他的一些邮票和5分硬币上的野牛，野牛又使你想到了公牛以及墨西哥的斗牛。这种集中注意力的练习实际上随时随地都可以进行。

经常在噪音或其他干扰环境中学习的人，要特别注意稳定情绪，不必一遇到不顺心的干扰就大动肝火。情绪不像动作，一旦激发起来便不易平静，结果对注意力的危害比出现的干扰现象更大。要暗示自己保持平静，这就是最好的集中注意力训练。

训练6：

从300开始倒数，每次递减3位数。如300，297，294，倒数至0，测定所需时间。

要求读出声，读错的就原数重读，如"294"错读为

"293"时，要重读"294"。

测验前先想想其规律。例如，每数10次就会出现一个"0"（270，240，210……），个位数出现的周期性变化。

结果评定：2分钟内读完为优秀，2.5分钟内读完为较好，3分钟内读完为一般，超过3分钟为较差。这一测验只宜自己与自己比较，把每次测验所需时间对比就行了。

训练7：

这个练习又称为"头脑抽屉"训练，是练习集中注意力的一种重要方法。请自己选择3道思考题，这3道题的主要内容必须是没有联系的。题目选定后，对每道题思考3分钟。在思考某一题时，一定要集中精力，思想上不能开小差，尤其不能想其他两个问题。一道题思考3分钟后，立即转入对下一道题的思考。

集中注意力的训练形式可以多种多样，随处都可进行训练。

第四节
记忆的魔法：想象力训练

一个人的想象力与记忆力之间具有很大的关联性，甚至在有些时候，回忆就是想象，或者说想象就是回忆。如果一个人具有十分活跃的想象力，他就很难不具备强大的记忆力，良好的记忆力往往与强大的想象力联系在一起。

因此,要训练我们的记忆力,可以从训练我们的想象力着手。

训练1:

向学前班的孩子学习,培养你的想象力,如问自己一个问题:花儿为什么会开?

你猜小朋友们会怎么回答呢?

□ 丰富的想象力是良好记忆的基础。

第一个孩子说:"它睡醒了,想看看太阳。"

第二个孩子说:"它伸伸懒腰,就把花骨朵顶开了。"

第三个孩子说:"它想和小朋友比比,看谁穿得更漂亮。"

第四个孩子说:"它想看看,小朋友会不会把它摘走。"

这时,一个孩子问老师一句:"老师,您说呢?"

这时候,如果你是老师该怎么回答才能不让孩子失望呢?

如果你是个孩子,你又认为答案会是什么呢?

其实,只要你不回答:"因为春天来了。"那你的想象力就得到了锻炼。

你也可以随便拿出一张画,问自己:"这是什么?"

一块砖。

别的呢?一扇窗。

别的呢?事实上,从侧面看,这是字母 n。或者,另一个

15

字母，如，F。

别的呢？一个侧面看到的数字。

别的呢？任何一个从上端看到的三维数字，包括2、3、5、6、7、8、9、0。

别的呢？任何一个装在盒子里的物体。

别的呢？一个特殊尺寸的空白屏幕（垂直方向）。

别的呢……

每个事物都可能成为其他所有的事物，高度创造性的大脑是没有逾越不了的障碍的。自由联想是天才最好的朋友。天才的感知力就是在每个事物中看到其他所有的事物！这就是为什么天才能看到普通人看不到的实质。

训练2：

从剧本或诗歌中读一段或几段，最好是那些富有想象的段落，例如下文：

茂丘西奥，她是精灵们的媒婆，
她的身体只有郡吏手指上一颗玛瑙那么大。
几匹蚂蚁大小的细马替她拖着车子，
越过酣睡的人们的鼻梁……
有时奔驰过廷臣的鼻子，
就会在梦里寻找好差事。
他就会梦见杀敌人的头，
进攻、埋伏，锐利的剑锋，淋漓的痛饮……
忽然被耳边的鼓声惊醒，

咒骂了几句,

又翻了个身睡去了。

把书放到一边,尽量想象出你所读的内容,这不是重复和记忆。如果10行或12行太多了,就取三四行,你实际的任务是使之形象化,闭上眼睛你必须看到精灵们的媒婆,你必须想象出她的样子只有一颗玛瑙那么大,你必须看到廷臣在睡觉,精灵们在他的鼻子上奔驰,你必须想象出士兵的样子并看到他杀敌人的头。你要听到他的祷词,祷词的内容由你设想。

你是否已经读过了《罗密欧与朱丽叶》这本书的前一部分或几行文字?现在把书放在一边,想出你自己的下文来。当然,做这个练习时你不能先知道故事的结尾。你要假设自己是作者,创造出自己的下文来,你要想象出人物的形象,让他们做些事情,并想象出他们做事时的样子,直至你心目中的形象和亲眼所见一样清楚为止。

训练3:

用3分钟时间,将下面15组词用想象的方法联系在一起进行记忆。

老鹰——机场	轮胎——香肠	长江——武汉
闹钟——书包	扫帚——玻璃	黄河——牡丹
汽车——大树	白菜——鸡蛋	月亮——猴子
火车——高山	鸡毛——钢笔	轮船——馒头
马车——毛驴	楼梯——花盆	太阳——番茄

通过以上三个训练，可以提高我们的想象力，以至于有效提高我们的记忆力。

第五节
记忆的基石：观察力训练

记忆就像一台存款机，要先有存款才能取款。记忆也先要完成记忆的输入过程，之后你才能将这部分信息或印象重现出来。

这样就有一个存入多少、存什么的问题，也就是你记忆的哪方面的内容以及真正记忆了多少或是印象有多深，这就有赖于观察力了！

进行观察力训练，是提高观察力的有效方法。下面介绍几种行之有效的训练方法：

训练1：

选一种静止物，比如一幢楼房、一个池塘或一棵树，对它进行观察。按照观察步骤，对观察物的形、声、色、味进行说明或描述。这种观察可以进行多次，直到自己能抓住主要观察物的特征为止。

训练2：

选一个目标，像电话、收音机、简单机械等，仔细把它看几分钟，然后等上大约一个钟头，不看原物画一张图。把你的图与原物进行比较，注意画错了的地方，最后不看原物再画一张图，把画错了的地方更正过来。

训练3：

画一张中国地图，标出你所在的那个省的省界，和所在的省会，标完之后，把你标的与地图进行比较，注意有哪些地方搞错了，不过地图在眼前时不要去修正，把错处及如何修正都记在脑子里，然后丢开地图再画一张。错误越多就越需要重复做这个练习。

在你有把握画出整个中国之后就画整个亚洲，然后画南美洲、欧洲以及其他的洲。要画得多详细由你自己决定。

训练4：

以运动的机器、变化的云或物理、化学实验为观察对象，按照观察步骤进行观察。这种观察特别强调知识的准备，要能

这幅图片中分布着15个海洋生物，它们通过伪装来隐藏自己。你能把它们全部找出来吗？在自然界中，某些动物通过模拟其他生物的形态来躲避天敌。

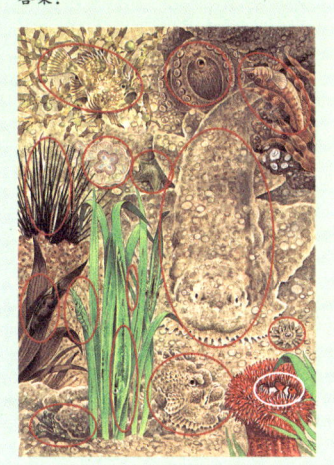

答案：

说明运动变化着的形、声、色、味的特点及其变化原因。

训练 5：

　　随便在书里或杂志里找一幅图，看它几分钟，尽可能多观察一些细节，然后凭记忆把它画出来。如果有人帮助，你可以不必画图，只要回答你朋友提出的有关图片细节的问题就可以了。问题可能会是这样的：有多少人？他们是什么样子？穿什么衣服？衣服是什么颜色？有多少房子？图片里有钟吗？几点了？等等。

训练 6：

　　把练习扩展到一间房子。开始是你熟悉的房间，然后是你只看过几次的房间，最后是你只看过一次的房间，不过每次都要描述细节。不要满足于知道在西北角有一个书架，还要回忆一下书架有多少层，每层估计有多少书，是哪种书，等等。

第六节
右脑的记忆力是左脑的 100 万倍

　　关于记忆，也许有不少人误以为"死记硬背"同"记忆"是同一个道理，其实它们有着本质的区别。死记硬背是考试前夜那种临阵磨枪，实际只使用了大脑的左半部，而记忆才是动员右脑积极参与的合理方法。

　　在提高记忆力方面，最好的一种方法是扩展大脑的记忆容量，即扩展大脑存储信息的空间。有关研究也表明，在大脑容纳信息量和记忆能力方面,右脑是左脑的一百万倍。

首先,右脑是图像的脑,它拥有卓越的形象思维能力和灵敏的听觉,人脑的大部分记忆,也是以模糊的图像存入右脑中的。

其次,按照大脑的分工,左脑追求记忆和理解,而右脑只要把知识信息大量地、机械地装到脑子里就可以了。右脑具有左脑所没有的快速大量记忆机能和快速自动处理机能,后一种机能使右脑能够超快速地处理所获得的信息。

这是因为,人脑接收信息的方式一般有两种,即语言和图画。经过比较发现,用图画来记忆信息时,能记住的内容远远超过语言。如果记忆同一事物时,能在语言的基础上加上图画这种手段,信息容量就会比只用语言时要增加很多,而且右脑本来就具有绘画认识能力、图形认识能力和形象思维能力。

如果将记忆内容描绘成图形或者绘画,而不是单纯的语言,就能通过最大限度动员右脑的这些功能,发挥出高于左脑的一百万倍的能量。

另外创造"心灵的图像"对于记忆很重要。

那么,如何才能操作这方面的记忆功能,并运用到日常生活中呢?现在开始描述图像法中一些特殊的规则,来帮助你获得记忆的存盘。

1. 图像要尽量清晰和具体

右脑所拥有的创造图像的力量,可以让我们"想象"出图像以加强记忆的存盘,而图像记忆正是运用了右脑的这一功能。研究已经发现并证实，如果在感官记忆中加入其他联想的元素，可以加强回忆的功能，加速整个记忆系统的运作。

所以，图像联想的第一个规则就是要创造具体而清晰的图像。具体、清晰的图像是什么意思呢？比方我们来想象一个少年，你的"少年图像"是一个模糊的人形，还是有血有肉、呼之欲出的真人呢？如果这个少年图像没有清楚的轮廓，没有足够的细节，那就像将金库密码写在沙滩上，海浪一来就不见踪影了。

下面，让我们来做几个"心灵的图像"的创作练习。

□ 记忆力测验

用 1 分钟观察上图中的物体，并努力记住它们。现在合上书，尽可能多地写下你能回忆起的物体名称。这个练习可以测验你的短期记忆能力。然后分别在 1 小时之后、1 天之后和 1 周之后检查有多少物体储存在你的长期记忆中。

创造一幅"苹果图像"。在创作之前,你先想想苹果的品种,然后想到苹果是红色、绿色或者黄色,再想一下这颗苹果的味道是偏甜还是偏酸。

创造一幅"百合花图像"。我们不要只满足于想象出一幅百合花的平面图片,而要练习立体地去想象这朵百合花,是白色还是粉色,是含苞待放还是娇艳盛开。

创造一幅"羊肉图像"。看到这个词你想到了什么样的羊肉呢?是烤全羊,是血淋淋的肉片,还是放在盘子里半生不熟的羊排?

创造一幅"出租车图像"。你想象一下出租车是崭新的德国奔驰、老旧的捷达,还是一阵黑烟(出租车已经开走了)?车牌是什么呢?出租车上有人吗?乘客是学生还是白领?

这些注重细节的图像都能强化记忆库的存盘,大家可以在平时多做这样的练习来加强对记忆的管理。

2. 要学会抽象概念借用法

如果提到光,光应该是什么样的图像呢?这时候我们需要发挥联想的功能,并且借用适当的图像来达成目的。光可以是阳光、月光,也可以是由手电筒、日光灯、灯塔等发射出来的……美味的饮料可以是现榨的新鲜果蔬汁,也可以是香醇可口的卡布奇诺,还可以是酸酸甜甜的优酪乳……法律可以借用警察、法官、监狱、法槌等。

3. 时常做做"白日梦"

当我们的身体和精神在放松的时候,更有利于右脑对图像的创造，因为只有身心放松时，右脑才有能量创造特殊的图像。当我们无聊或空闲的时候，不妨多做做白日梦，当我们在全身放松的状态下，所做的白日梦都是有图像的，那是我们用想象来创造的很清晰的图像。因此应该相信自己有这个能力，不要给自己设限。

4. 通过感官强化图像

即我们熟知的五种重要的感官——视觉、听觉、触觉、嗅觉、味觉。

另外，夸张或幽默也是我们加强记忆的好方法。如果我们想到猫，可以想到名贵的波斯猫，想到它玩耍的样子。如果再给这只可爱的猫咪加点夸张或幽默的色彩呢？比如，可以把猫想象成日本卡通片中的机器猫，或者把猫想象成黑猫警长，

□ 演奏小提琴不仅需要听觉记忆，还需要触觉和视觉记忆的参与。

猫会跟人讲话,猫会跳舞等。这些夸张或者幽默的元素都会让记忆变得生动逼真!

总之,图像具有非常强的记忆协助功能,右脑的图像思维能力是惊人的,调动右脑思维的积极性是科学思维的关键所在。

当然,目前发挥右脑记忆功能的最好工具便是思维导图,因为它集合了图像、绘画、语言文字等众多功能于一身,具有不可替代的优势。

▫ 品酒要需视觉、味觉和嗅觉记忆的共同参与。

被称作天才的爱因斯坦也感慨地说:"当我思考问题时,不是用语言进行思考,而是用活动的跳跃的形象进行思考。当这种思考完成之后,我要花很大力气把它们转化成语言。"

国际著名右脑开发专家七田真教授曾说过:"左脑记忆是一种'劣质记忆',不管记住什么很快就忘记了,右脑记忆则让人惊叹,它有'过目不忘'的本事。左脑与右脑的记忆力简直就是1∶100万,可惜的是一般人只会用左脑记忆!"

我们也可以这样认为,很多所谓的天才,往往更善于锻炼自己的左右脑,而不是单独用左脑或者右脑;每个人都应有意识地开发右脑的形象思维能力和创新思维能力,提高记忆力。

第七节
思维导图里的词汇记忆法

思维导图更有利于我们对词汇的理解和记忆。

不论是汉语词汇还是外语词汇,我们都需要大量地使用它们。但我们很多人面临的一个普遍问题是,怎样才能更好更快地记住更多的词汇。

对词汇本身来说,它具有很大的力量,甚至可以称作魔力。法国军事家拿破仑曾说:"我们用词语来统治人民。"

在这里,我们以英语词汇为例,帮助学习者利用思维导图更高效快捷地学习。

1. 思维导图帮助我们学习生词

我们在英语词汇学习中,往往会遇到大量的多义词和同音异义词。尽管我们会记住单词的某一个意思,可是当同样的单词出现在另一个语言场合中时,对我们来说就很有可能又会成为一个新的单词。

面对多义词学习,我们可以借助思维导图,试着画出一张相对清晰的图来,以帮助我们更方便地学习。例如,"buy"(购买)这个单词,可以作为及物动词和不及物动词来使用,还可以作为名词来使用。

所以,将其当作不同的词性使用时,它就具有不同的意思和搭配用法。而据此,我们可以画出"buy"的思维导图,帮助我们归纳出其在字典中所获信息的方式,进而用一种更加灵活的方式来学习单词。

如果我们把"buy"的学习和用法用思维导图的形式表示出来,不仅可以节省我们学习单词的时间,提高学习的效率,更会大大促进学习的能动性,提高学习兴趣。

2. 思维导图与词缀词根

词缀法是派生新英语单词的最有效的方法,词缀法就是在英语词根的基础上添加词缀的方法。比如"-er"可表示"人",这类词可以生成的新单词,比如,driver 司机、teacher 教师、labourer 劳动者、runner 跑步者、skier 滑雪者、swimmer

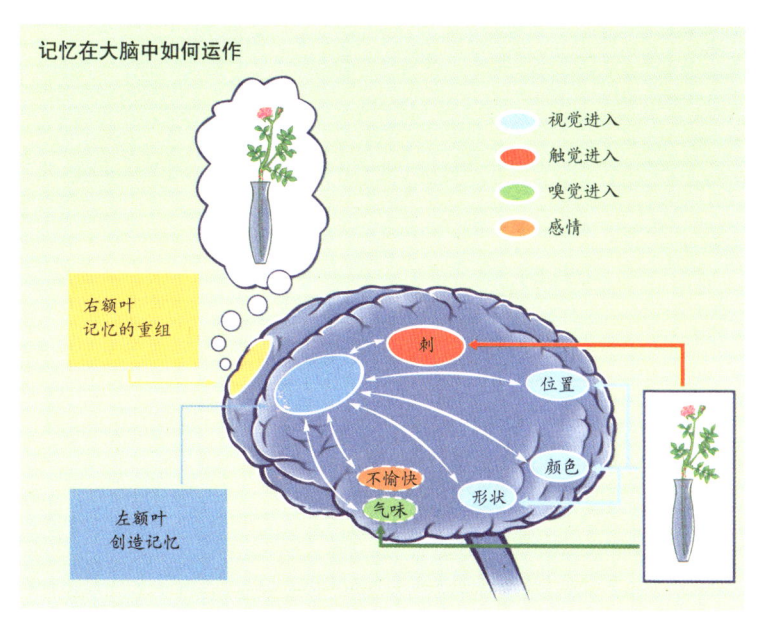

□ 事物或场景的不同方面被保存在特定的大脑区域,记忆痕迹之间通过神经元网络相互连接。为了回忆起某一事物或场景,大脑将通过右额叶重新激活相关的神经元网络。

游泳者、passenger 旅客、traveller 旅游者、learner 学习者 / 初学者、lover 爱好者、worker 工人，等等，所以，要扩大英语的词汇量，就必须掌握英语常用词缀及词根的意思。

思维导图可以借助相同的词缀和词根进行分类，用分支的形式表示出来，并进行发散、扩展，从而帮助我们记忆更多的词汇。

3. 思维导图和语义场帮助我们学习词汇

语义场也是一种分类方法，研究发现，英语词汇并不是一系列独立的个体，而是都有着各自所归属的领域或范围，它们因共同拥有某种共同的特征而被组建成一个语义场。

我们根据词汇之间的关系可以把单词之间的关系划分为反义词、同义词和上下义词。上义词通常是表示类别的词，含义广泛，包含两个或更多有具体含义的下义词。下义词除了具有上义词的类别属性外，还包含其他具体的意义。如：chicken — rooster, hen, chick；animal — sheep, chicken, dog, horse。这些关系同样可以用思维导图表现出来，从而使学习者能更加清楚地掌握它们。

第八节
不想遗忘，就重复记忆

很多学生都会有这样的烦恼，已经记住了的外语单词、语文课文、数理化的定理、公式等，隔了一段时间后，就会遗忘很多。怎么办呢？解决这个问题的主要方法就是要及时复习。德国哲学家狄慈根说，重复是学习之母。

复习是指通过大脑的机械反应使人能够回想起自己一点也不感兴趣的、没有产生任何联想的内容。艾宾浩斯的遗忘规律曲线告诉我们：记忆无意义的内容时，一开始的20分钟内，遗忘42%；1天后，遗忘66%；2天后，遗忘73%；6天后，遗忘75%；31天后，遗忘79%。古希腊哲学家亚里士多德曾说："时间是主要的破坏者。"

我们的记忆随着时间的推移逐渐消失，最简单的挽救方法就是复习，或叫作重复。我国著名科学家茅以升在83岁高龄时仍能熟记圆周率小数点以后100位的准确数值，有人问过他，记忆如此之好的秘诀是什么，茅先生只回答了七个字"重复、重复再重复"。可见，天才并不是天赋异禀，正如孟子所说："人皆可以为尧舜。"佛家有云："一阐提人亦可成佛"。只要勤学苦练，也是可以成为了不起的人的。

虽然重复能有效增进记忆，但重复也应当讲究方法。

一般，要在重复第三遍之前停顿一下，这是因为凡在脑子中停留时间超过20秒钟的东西才能从瞬间记忆转化为短时记忆，从而得到巩固并保持较长的时间。当然，这时的信息仍需要通过复习来加强。

那么，每次间隔多久复习一次是最科学的呢？

一般来讲，间隔时间应在不使信息遗忘的范围内尽可能长些。例如，在你学习某一材料后一周内的复习应为5次。而这5次不要平均地排在5天中。信息遗忘率最大的时候是：早期信息在记忆中保持的时间越长，被遗忘的危险就越小。所以在复习时的初期间隔要小一点，然后逐渐延长。

我们可以比较一下集合法和间隔法记忆的效果。

如要记住一篇文章的要点，你又应怎样记呢？

你可以先用"集合法"，即把它读几遍直至能背下来，记住你所耗费的时间。在完成了用"集合法"记忆之后，我们看看用"间隔法"的情况。这回换成另一段文章的要点：看一遍之后目光从文章上移开约10秒钟，再看第二遍，并试着回想它。

如果你不能准确地回忆起来，就再将目光移开几秒钟，然后再读第三遍。这样继续着，直至可以无误地回忆起这几个

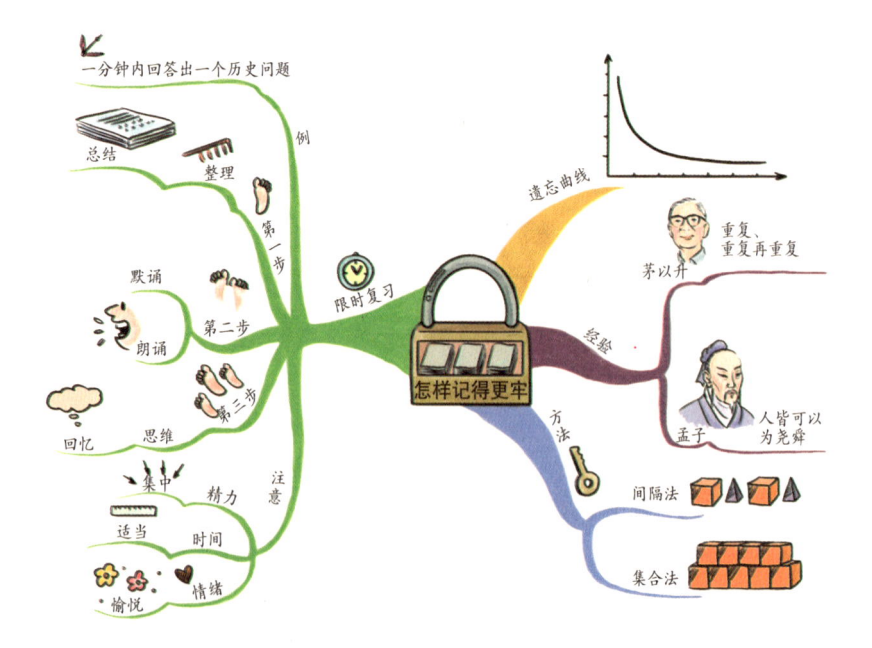

要点，然后写出所用时间。

两种记忆方法相比较，第一种的记忆方法虽然比第二种要快些，但其记忆效果可能并不如第二种方法。许多实验也都显示出间隔记忆要比集合记忆有更多的优点。

心理学家根据阅读的次数，研究了记忆一篇课文的速度：如果连续将一篇课文看6遍和每隔5分钟看一遍课文连看6遍，两者相比较，后者记住的内容要多得多。

心理学家为了找到能产生最好效果的间隔时间，做过许多的实验，已证明理想的阅读间隔时间是10分钟至16小时不等，根据记忆的内容而定。10分钟以内，记忆效果并不太好，超过16小时，一部分内容已被忘却。

间隔学习中的停顿时间应能让重要的东西刚好记下。这样，在回忆印象的帮助下你可以在成功记忆的台阶上再向前迈进一步。当你需要通过浏览的方式进行记忆时，如要记一些姓名、数字、单词等，采用间隔记忆的效果就不错。假设你要记住18个单词，你就应看一下这些单词。在之后的几分钟里自己也要每隔半分钟左右就默念一次这些单词。

这样，你会发现记这些单词并不太困难。第二天再看一遍，这时你对这些单词可以说就完全记住了。

在复习时你可以采用限时复习训练方法：

这种复习方法要求在一定时间内规定自己回忆一定量材料的内容。例如，一分钟内回答出一个历史问题等。这种训练分三个步骤：

为了考试还是为了生活

通常在考试的前一天晚上学生们都临阵磨枪，但是这种强制性和高密度的学习效果却非常有限。

以下是两种学习状态的比较：

临阵磨枪	长期学习
在短时间内学习	有充足的时间分阶段学习
极少重复	大量地重复
重复的时间间隔很短	重复的时间间隔适当
刺激物的过度使用，咖啡、香烟、维生素C等	饮食均衡
在意识上缺乏准备，因而产生压力	由于准备良好，信心十足
疲劳和缺乏睡眠	睡眠充足，精力充沛

第一步，整理好材料内容，尽量归结为几点，使回忆时有序可循。整理后计算回忆大致所需的时间；

第二步，按规定时间以默诵或朗诵的方式回忆；

第三步，用更短的时间，以只在大脑中思维的方式回忆。

在训练时要注意两点：

首先，开始时不宜把时间卡得太紧，但也不可太松。太紧则多次不能按时完成回忆任务，就会产生畏难的情绪，失去信心；太松则达不到训练的目的。训练的同时还必须迫使自己注意力集中，若注意力分散了将会直接影响反应速度，要不断暗示自己。

其次，当训练中出现不能在额定时间内完成的任务时，不要紧张，更不要在烦恼的情况下赌气反复练下去，那样会越练越糟。应适当地休息一会儿,想一些美好的事,使自己心情好了再练。

总之,学习要勤于复习。勤于复习,记忆和理解的效果才会更好,遗忘的速度也会变慢。

第九节
思维是记忆的向导

思考是一种思维过程,也是一切智力活动的基础,是动脑筋及深刻理解的过程。而积极思考是记忆的前提,深刻理解是记忆的最佳手段。

在识记的时候,思维会帮助所记忆的信息快速地安顿在"记忆仓库"中的相应位置,与原有的知识结构进行有机结合。在回忆的时候,思维又会帮助我们从"记忆仓库"中查找,以尽快地回想起来。思维对记忆的向导作用主要表现在以下几点:

(1)概念与记忆

概念是客观事物的一般属性或本质属性的反映,它是人类思维的主要形式,也是思维活动的结果。概念是用词来标志的。人的词语记忆就是以概念为主的记忆,学习就要掌握科学的概念。概念具有代表性,这样就使人的记忆可以有系统性。如"花"的概念包括了各种花,我们在记忆菊花、茶花、牡丹花时,就可以归入花的要领中一并记住。从这个角度讲,概念可以使人举一反三，灵活记忆。

（2）理解与记忆

理解属于思维活动的范围，它既是思维活动的过程，是思维活动的方法，又是思维活动的结果。同时，理解还是有效记忆的方法。理解了的事物会扎扎实实地记在大脑里。

（3）思维方法与记忆

思维的方法很多，这些方法都与记忆有关，有些本身就是记忆的方法。思维的逻辑方法有科学抽象、比较与分类、分析与综合、归纳与演绎及数学方法等；思维的非逻辑方法有潜意识、直觉、灵感、想象和形象思维等。多种思维方法的运用

☐ 国际象棋大师卡斯帕罗夫对几千种棋局了如指掌，这种靠多年经验获得的后天性才能使他能够在几秒钟内分析每局棋的每一步。

使我们容易记住大量的信息并获得系统的知识。

此外,思维的程序也与记忆有关。思维的程序表现为发现问题、试作回答、提出假设和进行验证。

那么,我们该怎样来积极地进行思维活动呢?

1. 多思

多思指思维的频率。复杂的事物,思考无法一次完成。古人说:"三思而后行"。我们完全可以针对学习记忆来个"三思而后行,三思而后记"。反复思考,一次比一次想得深,一次有一次的新见解,不停止于一次思考,不满足于一时之功,在多次重复思考中参透知识,把道理弄明白,事无不记。

2. 苦思

苦思是指思维的精神状态。思考,往往是一种艰苦的脑力劳动,要有执着、顽强的精神。《中庸》中说,学习时要慎重地思考,不能因思考得不到结果就停止。这表明古人有非深思透顶达到预期目标不可的意志和决心。据说,黑格尔就有这种苦思冥想的精神。有一次,他为思考一个问题,竟站在雨里一个昼夜。苦思的要求就是不做思想的怠惰者,经常运转自己的思维机器,并能战胜思维过程中所遇到的艰难困苦。

3. 精思

精思指思维的质量。思考的时候,只粗略地想一下,或大概地考量一番,是不行的。朱熹很讲究"精思",他说:"……精思,使其意皆若出于吾之心。"换一种说法,精思就是要融会贯通,使书的道理如同我讲出去的道理一般。思不精怎么办？朱熹说："义不精，细思可精。"细思，就是细致周密、全面地思考，克服想不到、想不细、想不深的毛病，以便在思维中多出精品。

4. 巧思

巧思指思维的科学态度。我们提倡的思考，既不是漫无边际的胡思乱想，也不是钻牛角尖，它是以思维科学和思维逻辑作为指南的一种思考。即科学的思考，我们不仅要肯思考，勤于思考，而且要善于思考，在思考时要恰到好处地运用分析与综合、抽象与概括、比较与分类等思维方式，使自己的思考不绕远路，卓越而有成效。

口平时多勤思、巧思、精思，就能有效地提高记忆速度和记忆质量。

第二章

超级记忆的秘诀

第一节
超右脑照相记忆法

著名的右脑训练专家七田真博士曾对一些理科成绩只有 30 分左右的小学生进行了右脑记忆训练。所谓训练，就是这样一种游戏：摆上一些图片，让他们用语言将相邻的两张图片联想起来记忆，比如"石头上放着草莓，草莓被鞋踩烂了"，等等。

这次训练的结果是这些只能考 30 分的小学生都能得 100 分。

通过这次训练，七田真指出，和左脑的语言性记忆不同，右脑中具有一种被称作"图像记忆"的记忆，这种记忆可以使只看过一次的事物像照片一样印在脑子里。一旦这种右脑记忆得到开发，那些不愿学习的人也可以立刻拥有出色记忆力，变得"聪明"起来。

同时，这个实验告诉我们，每个人自身都储备着这种照相记忆的能力，你需要做的是如何把它挖掘出来。

现在我们来测试一下你的视觉想象力。你能内视到颜色吗？或许你会说："噢！见鬼了，怎么会这样。"请赶快先闭上你的眼睛，内视一下自己眼前有一幅红色、黑色、白色、黄色、绿色、蓝色然后又是白色的电影银幕。

看到了吗？哪些颜色你觉得容易想象，哪些颜色你又觉得想象起来比较困难呢？还有，在哪些颜色上你需要用较长的时间？

请你再想象一下眼前有一个画家，他拿着一支画笔在一张画布上作画。这种想象能帮助你提高对颜色的记忆，多练习几次就知道了。

当你有时间或想放松一下的时候，请经常重复做这一练习。你会发现一次比一次更容易地想象颜色了。当然你可以做一做白日梦，从尽可能美好的、正面的图像开始，因为根据经验，正面的事物比较容易记在头脑里。

你可以回忆一下在过去的生活中，一幅让你感觉很美好的画面：例如某个度假日、某种美丽的景色、你喜欢的电影中的某个场面，等等。请你尽可能努力地并且带颜色地内视这个画面，想象把你自己放进去，把这张画面的所有细节都描绘出来。在繁忙的一天中用几分钟闭上你的眼睛，在脑海里呈现一下这样美好的回忆，如此你必定会感到非常放松。

当然，照相记忆的一个基本前提是你需要把资料转化为清晰、生动的图像。

清晰的图像就是要有足够多的细节，每个细节都要清晰。

比如，要在脑中想象"萝卜"的图像，你的"萝卜"是红的还是白的？叶子是什么颜色的？萝卜是沾满了泥还是洗得干干净净的呢？

图像轮廓越清楚，细节越清晰，图像在脑中留下的印象就越深刻，越不容易被遗忘。

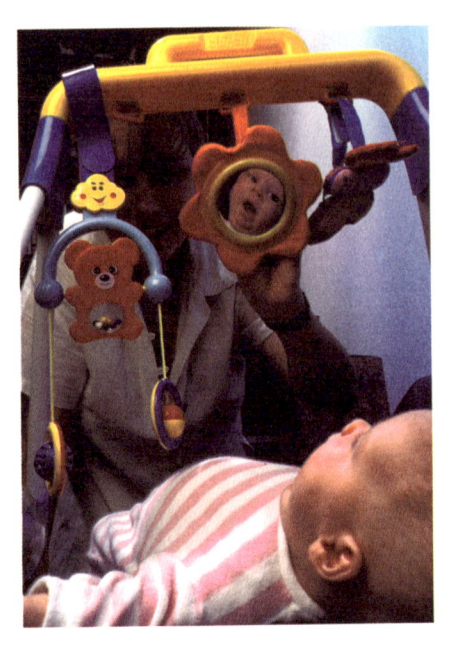

□ 婴幼儿的记忆

心理学家卡罗琳·霍维·科利尔领导的一个研究小组揭示，婴儿可能保存了用脚使得悬挂在摇篮上方的活动物体摆动的记忆。两个月大的婴儿在24小时内记得这个联系；出生一个月后，他们可以在一个星期内想起这个协调运动。出生后6个月，记忆痕迹可以持续2～3个星期。从2岁或3岁开始，幼儿就有了创造记忆的能力，并且可以在十几年后回想起。这些记忆的保存是随着语言能力的增强而变得容易的。尽管如此，对成年人来说，大多数的个人事件记忆是在10岁以后才有的。

再举个例子，比如想象"公共汽车"的图像，就要弄清楚你脑海中的公共汽车是崭新的还是又老又旧的？车有多高、多长？车身上有广告吗？车是静止的还是运动的？车上乘客很多很拥挤，还是人比较少宽宽松松？

生动的图像就是要充分利用各种感官，视觉、听觉、触觉、嗅觉、味觉，给图像赋予这些感官可以感受到的特征。

想象萝卜和公共汽车的图像时都用到了视觉效果。

在这两个例子中也可以用到其他几种感官效果。

在创造公共汽车的图像时，也可以想象：公共汽车的笛声是嘶哑还是清亮？如果是老旧的公共汽车，行驶起来是不是吱呀有声？在创造萝卜的图像时，可以想象一下：萝卜皮是光滑的还是粗糙的？生萝卜是不是有种细细幽幽的清香？如果咬一口，又会是一种什么味道呢？

经过上面的几个小训练之后，你关闭的右脑大门或许已经逐渐开启，但要想修炼成"一眼记住全像"的照相记忆，你还必须要进行下面的训练：

（1）一心二用（5分钟）

"一心二用"训练就是锻炼左右手同时画图。拿出一根铅笔。左手画横线，右手画竖线，要两只手同时画。练习一分钟后，两手交换，左手画竖线，右手画横线。一分钟之后，再交换，反复练习，直到画出来的图形完美为止。这个练习能够强烈刺激右脑。

你画出来的图形还令自己满意吗？刚开始的时候画不好是很正常的，不要灰心，随着练习的次数越来越多，你会画得越来越好。

（2）想象训练（5分钟）

我们都有这样的体会，记忆图像比记忆文字花费时间更少，也更不容易忘记。因此，在我们记忆文字时，也可以将其转化为图像，记忆起来就简单得多，记忆效果也更好了。

想象训练就是把目标记忆内容转化为图像，然后在图像与图像间创造动态联系，通过这些联系能很容易地记住目标记忆内容及其顺序。这种联系可以采用夸张、拟人等各种方式，图像细节越具体、清晰越好。但这种想象又不是漫无边际的，必须用一两句话就可以表达，否则就脱离记忆的目的了。

如现在有两个水杯、两朵蘑菇，请设计一个场景，水杯和蘑菇是场景中的主体，你能想象出这个场景是什么样的吗？越奇特越好。

对于照相记忆，很多人不习惯把资料转化成图像，不过，只要能坚持不懈地训练就可以了。

第二节
进入右脑思维模式

我们的大脑主要由左右脑组成，左脑负责语言逻辑及归纳，而右脑主要负责的是图形图像的处理记忆。所以右脑模式就是以图形图像为主导的思维模式。进入右脑模式以后是什么样子呢？

简单来说，就是在不受语言模式干扰的情况下可以更加清晰地感知图像，并忘却时间，而且整个记忆过程会很轻松并且快乐。和宗教或者瑜伽所追求的冥想状态有关，可以更深层次地感受事物的真相，不需要语言就可以立体、多元化、直观地看到事物发生发展的来龙去脉，关键是可以增加图像记忆和在大脑中直接看到构思的图像。

想使用右脑记忆，人们应该怎样做呢？

由于左右侧的活动与发展通常是不平衡的，往往右侧活动多于左侧活动，因此有必要加强左侧活动，以促进右脑功能。

在日常生活中我们尽可能多使用身体的左侧，也是很重要的。身体左侧多活动，右侧大脑就会发达。右侧大脑的功能增强，人的灵感、想象力就会增加。比如在使用小刀和剪子的时候用左手，拍照时用左眼，打电话时用左耳。

还可以见缝插针锻炼左手。如果每天需在汽车上度过较长时间，可利用这段时间锻炼身体左侧。如用左手指钩住车把手，或手扶把手，让左脚单脚支撑站立。或将钱放在自己的衣服左口袋，上车后用左手取钱买票。

有人设计了一种方法：在左手食指和中指上套上一根橡皮筋，使之成为8字形，然后用拇指把橡皮筋移套到无名指上，仍使之保持8字形。依此类推，再将橡皮筋套到小指上，

如此反复多次，可有效地刺激右脑。此外，有意地让左手做右手习惯做的事，如写字、拿筷、刷牙、梳头等。

这类方法中具有独特价值而值得提倡的还有手指刺激法。苏联著名教育家苏霍姆林斯基说："儿童的智慧在手指头上。"许多人让儿童从小练弹琴、打字、珠算等，这样双手的协调运动，会把大脑皮层中相应的神经细胞的活力激发起来。

还可以采用环球刺激法。尽量活动手指、促进右脑功能是这类方法的目的。例如，每捏扁一次健身环需要 10~15 千克握力，五指捏握时，又能促进对手掌各穴位的刺激、按摩，使脑部供血通畅。

特别是左手捏握，对右脑起激发作用。有人数年坚持"随身带个圈（健身圈），有空就捏转，家中备副球，活动左右手"，确有健脑益智之效。此外，多用左、右手掌转捏核桃，作用也一样。

正如前文所说，使用右脑，全脑的能力随之增加，学习能力也会提高。

你可以尝试着在自己喜欢的书中选出 20 篇感兴趣的文章，每一篇文章都是能读 2~5 分钟的，然后下决心开始练习右脑记忆，不间断坚持 3~5 个月，看看效果如何。

第三节
给知识编码,加深记忆

红极一时的电视剧《潜伏》中有这样一段,地下党员余则成为了与组织联系,总是按时收听广播中给"勘探队"的信号,然后一边听一边记下各种数字,再破译成一段话。你一定觉得这样的沟通方式很酷,其实我们也可以用这种方式来学习,这就是编码记忆。

编码记忆是指为了更准确而且快速地记忆,我们可以按照事先编好的数字或其他固定的顺序记忆。编码记忆方法是研究者根据诺贝尔奖获得者美国心理学家斯佩里和麦伊尔斯的"人类左右脑机能分担论",把人的左脑的逻辑思维与右脑的形象思维相结合的记忆方法。

反过来说,经常用编码记忆法练习,也有利于开发右脑的形象思维。其实早在 19 世纪时,威廉·斯托克就已经系统地总结了编码记忆法,并编写成了《记忆力》一书,于 1881 年正式出版。编码记忆法的最基本点,就是编码。

所谓"编码记忆"就是把必须记忆的事情与相应数字相联系并进行记忆。

例如,我们可以把房间的事物编号如下:1——房门、2——地板、3——鞋柜、4——花瓶、5——日历、6——橱柜、7——壁橱、8——画框、9——海报、10——电视机。如果说

测试你的组合能力

将下面 8 组词读给你周围的一个人听，当他记住后，你说出每组中褐色底的词，让他说出与之组合的绿色底的词。

男人	女人	勺子	叉子
椅子	地址	书	锅
灯泡	蝴蝶	大象	喇叭
杯子	茶托	船艇	橡皮

□ 极有可能那些联系小的组合（比如书——锅）比联系大的组合（比如男人——女人）更难被记住。

"2"，马上回答"地板"；如果说"3"，马上回答"鞋柜"。这样将各部位的数字号码记住，再与其他应该记忆的事项进行联想。

开始先编 10 个左右的号码。先对脑子里浮现出的房间物品的形象进行编号。以后只要想起编号，就能马上想起房间内的各种事物，这只需要 5～10 分钟即可记下来。在反复练习过程中，对编码就能清楚地记忆了。

这样的练习进行得较熟练后，再增加 10 个左右。如果能做几个编码并进行记忆，就可以灵活应用了。你也可以把自己的身体各部位进行编码，这样对提高记忆力非常有效。

作为编码记忆法的基础，如前所述，就是把房间各物品编上号码，这就是记忆的"挂钩"。

请你把下述实例，用联想法，记忆一下这件事：1——飞机、2——书、3——橘子、4——富士山、5——舞蹈、6——果汁、

7——棒球、8——悲伤、9——报纸、10——信，先按前述编码法连接起来，再用联想的方法记忆。联想举例如下：

（1）房门和飞机：想象入口处被巨型飞机撞击或撞出火星。

（2）地板和书：想象地板上书在脱鞋。

（3）鞋柜和橘子：想象打开鞋柜后，无数橘子飞出来。

（4）花瓶和富士山：想象花瓶上长出富士山。

（5）日历和舞蹈：想象日历在跳舞。

（6）橱柜和果汁：想象装着果汁的大杯子里放的不是冰块，而是木柜。

（7）壁橱和棒球：想象棒球运动员把壁橱当成防护用具。

（8）画框和悲伤：画框掉下来砸了脑袋，最珍贵的画框摔坏了，因此而伤心流泪。

（9）海报和报纸：想象报纸代替海报贴在墙上。

（10）电视机和信：想象大信封上装有荧光屏，信封变成了电视机。

如按上述方法联想记忆，无论采取什么顺序都能马上回忆出来。

这个方法也能这样进行练习，先在纸上写出1~20的号码，让朋友说出各种事物，你写在号码下面，同时用联想法记忆。然后让朋友随意说出任何一个号码，如果回答正确，画一条线勾掉。

掌握了编码记忆的基本方法后，只要是身边的事物都可以编上号码进行记忆，把记忆内容回忆起来。

第四节
用夸张的手法强化印象

开发右脑的方法有很多，荒谬联想记忆法就是其中的一种。我们知道，右脑主要以图像和心像进行思考，荒谬记忆法几乎完全建立在这种工作方式的基础之上，从所要记忆的一个项目尽可能荒谬地联想到其他事物。

古埃及人在《阿德·海莱谬》中有这样一段文字："我们每天所见到的琐碎的、司空见惯的小事，一般情况下是记不住的。而听到或见到的那些稀奇的、意外的、低级趣味的、丑恶的或惊人的、触犯法律的等异乎寻常的事情，却能长期记忆。因此，在我们身边经常听到、见到的事情，平时也不去注意它，然而，在少年时期所发生的一些事却记忆犹新。那些用相同的目光所看到的事物，那些平常的、司空见惯的事很容易从记忆中漏掉，而一反常态、违背常理的事情，却能永远铭记不忘，这是否违背常理呢？"

古埃及人当时并不懂得记忆的规律才有此疑问。其实，在记忆深处对那些荒诞、离奇的事物更为着迷……这就是荒谬记忆法的来源，概括地讲，荒谬联想指的是非自然的联想，在新旧知识之间建立一种牵强附会的联系。这种联系可以是夸张，也可以是谬化。

荒谬记忆法最直接的帮助是你可以用这种记忆法来记住

你所学过的英语单词。例如你用这种方法只需要看一遍英语单词，当你一边看这些单词，一边在头脑中进行荒谬的联想时，你会在极短的时间内记住近 20 个单词。

例如，记忆"Legislate（立法）"这个单词时，可先将该词分解成 leg、is、late 三个单词，然后把"Legislate"记成"为腿（Leg）立法，总是（is）太迟（late）"。这样荒谬的联想，以后我们就不容易忘记。关于学习科目的记忆方法，我们在后面章节中会提到。在这一节中，我们从最普通的例子说明荒谬联想记忆应如何操作。

以下是 20 个项目，只要应用荒谬记忆法，你将能够在一

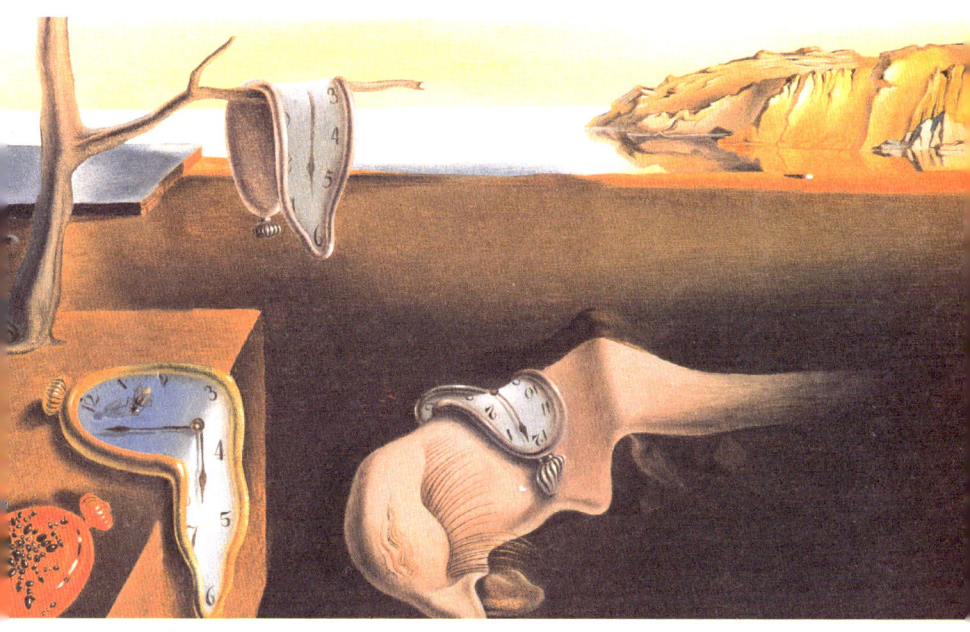

□ 永恒的记忆　达利

个短得令人吃惊的时间内按顺序记住它们:

地毯　纸张　瓶子　床　鱼　椅子　窗子　电话　香烟　钉子　打字机　鞋子　麦克风　钢笔　收音机　盘子　胡桃壳　马车　咖啡壶　砖块

你要做的第一件事是，在心里想到一张第一个项目的图画"地毯"。你可以把它与你熟悉的事物联系起来。实际上，你要很快就看到任何一种地毯，还要看到你自己家里的地毯。或者想象你的朋友正在卷起你的地毯。

这些你熟悉的项目本身将作为你已记住的事物，你现在知道或者已经记住的事物是"地毯"这个项目。现在，你要记住的事物是第二个项目"纸张"。你必须将地毯与纸张相联系，联想必须尽可能地荒谬。如想象你家的地毯是纸做的，想象瓶子也是纸做的。

接下来，在床与鱼之间进行联想或将二者结合起来，你可以"看到"一条巨大的鱼睡在你的床上。

现在是鱼和椅子，一条巨大的鱼正坐在一把椅子上，或者一条大鱼被当作一把椅子用，你在钓鱼时正在钓的是椅子，而不是鱼。

椅子与窗子：看见你自己坐在一块玻璃上，而不是在一把椅子上，并感到扎得很痛，或者是你可以看到自己猛力地把椅子扔出关闭着的窗子，在进入下一幅图画之前先看到这幅图画。

窗子与电话：看见你自己在接电话，但是当你将话筒靠近你的耳朵时，你手里拿的不是电话而是一扇窗户；或者是你可以把窗户看成是一个大的电话拨号盘，你必须将拨号盘移开才能朝窗外看，你能看见自己将手伸向一扇玻璃窗去拿起话筒。

电话与香烟：你正在抽一部电话，而不是一支香烟，或者是你将一支大的香烟向耳朵凑过去对着它说话，而不是对着电话筒，或者你可以看见你自己拿起话筒来，一百万根香烟从话筒里飞出来打在你的脸上。

香烟与钉子：你正在抽一颗钉子，或你正把一支香烟而不是一颗钉子钉进墙里。

钉子与打字机：你在将一颗巨大的钉子钉进一台打字机，或者打字机上的所有键都是钉子。当你打字时，它们把你的手刺得很痛。

打字机与鞋子：看见你自己穿着打字机，而不是穿着鞋子，或是你用你的鞋子在打字，你也许想看看一只巨大的带键的鞋子，是如何在上边打字的。

鞋子与麦克风：你穿着麦克风，而不是穿着鞋子，或者你在对着一只巨大的鞋子播音。

麦克风和钢笔：你用一个麦克风，而不是一支钢笔写字，或者你在对一支巨大的钢笔播音和讲话。

钢笔和收音机：你能"看见"一百万支钢笔喷出收音机，或是钢笔正在收音机里表演，或是在大钢笔上有一台收音机，你正在那上面收听节目。

收音机与盘子：把你的收音机看成是你厨房的盘子，或是看成你正在吃收音机里的东西，而不是盘子里的。或者你在吃盘子里的东西，并且当你在吃的时候，听盘子里的节目。

盘子与胡桃壳："看见"你自己在咬一个胡桃壳，但是它在你的嘴里破裂了，因为那是一个盘子，或者想象用一个巨大的胡桃壳盛饭，而不是用一个盘子。

胡桃壳与马车：你能看见一个大胡桃壳驾驶一辆马车，或者看见你自己正驾驶一个大的胡桃壳，而不是一辆马车。

马车与咖啡壶：一只大的咖啡壶正驾驶一辆小马车，或者你正驾驶一把巨大的咖啡壶，而不是一辆小马车，你可以想象你的马车在炉子上，咖啡在里边过滤。

咖啡壶和砖块：看见你自己从一块砖中，而不是一把咖啡壶中倒出热气腾腾的咖啡，或者看见砖块而不是咖啡从咖啡壶的壶嘴涌出。

这就对了！如果你的确在心中"看"了这些心视图画，你再按从"地毯"到"砖块"的顺序记20个项目就不会有问题了。当然，要多次解释这点比简简单单照这样做花的时间多得多。在进入下一个项目之前，只能用很短的时间再审视每一幅通过精神联想的画面。

这种记忆法的奇妙之处是，一旦记住了这些荒谬的画面，项目就会在你的脑海中留下深刻的印象。

第五节
造就非凡记忆力

成功学大师拿破仑·希尔说,每个人都有巨大的创造力,关键在于你自己是否知道这一点。

在当今各国,创造力备受重视,被认为是跨世纪人才必备的素质之一。什么是创造力?创造力是个体对已有知识经验加工改造,从而找到解决问题的新途径,以新颖、独特、高效的方式解决问题的能力。人人都有创造力,创造力的强弱制约着、影响着记忆力的强弱,创造力越强,记忆的效率就越高,反之则低。

这是因为要有效记忆就必须要大胆地想象,而生动、夸张的想象需要我们拥有灵活的创造力,如果创造力也得到了很大的锻炼,记忆力自然会随着提升。

创造力有以下3个特征:

(1)变通性

思维能随机应变,举一反三,不易受功能固着等心理定式的干扰,因此能产生超常的构想,提出新观念。

(2)流畅性

反应既快又多,能够在较短的时间内表达出较多的观念。

(3)独特性

对事物具有不寻常的独特见解。

我们可以通过以下几种方法激发创造力，从而增强记忆力：

1. 问题激发原则

有些人经常接触大量的信息，但并没有把所接触的信息都存储在大脑里，这是因为他们的头脑里没有预置着要搞清或有待解决的问题。如果头脑里装着问题，大脑就处于非常敏感的状态，一旦接触信息，就会从中把对解决问题可能有用的信息抓住不放，从而加大了有效信息的输入量，这就是问题激发。

2. 使信息活化

信息活化就是指这一信息越能同其他更多的信息进行连

接，这一信息的活性就越强。储存在大脑里的信息活性越强，在思考过程中，就越容易将其进行重新连接和组合。促使信息有活性的主要措施有：

（1）打破原有信息之间的关联性；

（2）充分挖掘信息可能表现出的各种性质；

（3）尝试着将某一信息同其他信息建立各种联系。

3. 信息触发

人脑是一个非常庞大而复杂的神经网络，每一次的信息存储、调用、加工、连接、组合，都促使这种神经在一定程度上发生变化。变化的结果使得原来不太畅通的神经通道变得畅通一些，本来没有发生连接的神经细胞突触连接了起来，这样一来，神经网络就变得复杂，神经元之间的联系就更广泛，大脑也就更好使。

同时，当某些神经元受信息的刺激后，会以电冲动的形式向四周传递，引起与之相连接的神经元的兴奋和冲动，这种连锁反应，在脑皮质里形成了大面积的活动区域。

可见，"人只有在大量的、高速的信息传递场中，才能使自己的智力获得形成、发展和被开发利用"。经常不断地用各种各样的信息去刺激大脑，促进创造性思维的发展和提高，这就是信息触发原理。

总之，创造力不同于智力，创造力包含了许多智力因素。一个创造力强的人，必须是一个善于打破记忆常规的人，并且是一个有着丰富的想象力、敏锐的观察力、深刻的思考力的人。而所有这些特质,都是提升记忆力所必需的,毋庸置疑,创造力已经成为创造非凡记忆力的本源和根基。

对于如何激活自己的创造力,你可以加上自己的思考,试着画出一幅个性思维导图来。

第六节
神奇比喻,降低理解难度

比喻记忆法就是运用修辞中的比喻方法,使抽象的事物转化成具体的事物,从而符合右脑的形象记忆能力,达到提高记忆效率的目的。人们写文章、说话时总爱打比方,因为生动贴切的比喻不但能使语言和内容显得新鲜有趣,而且能引发人们的联想和思索,并且容易加深记忆。

比喻与记忆密切相关,那些新颖贴切的比喻容易纳入人们已有的知识结构,使被描述的材料给人留下难以忘怀的印象。其作用主要表现在以下几个方面:

1. 变未知为已知

例如,孟繁兴在《地震与地震考古》中讲到地球内部结构时曾以"鸡蛋"作比:"地球内部大致分为地壳、地幔和地核三大部分。整个地球,打个比方,它就像一个鸡蛋,地壳好比是鸡蛋壳,地幔好比是蛋白,地核好比是蛋黄。"这样,把那些尚未了解的知识与已有的知识经验联系起来,人们便容易理解和掌握。

再如沿海地区刮台风，内地绝大多数人只是耳闻，未曾目睹，而读了诗人郭小川的诗歌《战台风》后，便有身临其境之感。"烟雾迷茫，好像十万发炮弹同时炸林园；黑云乱翻，好像十万只乌鸦同时抢麦田"；"风声凄厉，仿佛一群群狂徒呼天抢地咒人间；雷声呜咽，仿佛一群群恶狼狂嚎猛吼闹青山"；"大雨哗哗，犹如千百个地主老爷一齐挥皮鞭；雷电闪闪，犹如千百个衙役腿子一齐抖锁链"。

这些比喻，把许多人未能体验过的特有的自然现象活灵活现地表达出来，开阔了人们的眼界，同时也深化了记忆。

2. 变平淡为生动

例如朱自清在《荷塘月色》中写到花儿的美时这么说："层层的叶子中间，零星地点缀着些白花，有袅娜地开着的，有羞涩地打着朵儿的，正如粒粒的明珠，又如碧天里的星星。"

有些事物如果平铺直叙，大家会觉得平淡无味，而恰当地运用比喻，往往会使平淡的事物生动起来，使人们兴奋和激动。

3. 变深奥为浅显

东汉学者王充说："何以为辩，喻深以浅。何以为智，喻难以易。"就是说应该用浅显的话来说明深奥的道理，用易懂的事例来说明难懂的问题。

运用比喻，还可以帮助我们很快记住枯燥的概念公式。例如，有人讲述生物学中的自由结合规律时，用篮球比赛来做比喻加以说明：比赛时，同队队员必须相互分离，不能互跟。这好比同源染色体上的等位基因，在形成F1配子时，伴随着同源染色体分开而相互分离，体现了分离规律。比赛时，两队队员之间，可以随机自由跟人。这又好比F1配子形成基因类型时，位于非同源染色体上的非等位基因之间，则机会均等地自由组合，即体现了自由组合规律。篮球比赛人所共知，把枯燥的公式比作篮球赛，自然就容易记住了。

4. 变抽象为具体

将抽象事物比作具体事物可以加深记忆效果。如地理课上的气旋可以比成水中漩涡。某老师在教聋哑学校学生计算机时，用比喻来介绍"文件名""目录""路径"等概念，将"文件"和"文件名"形象地比作练习本和在练习本封面上写姓名、科目等；把文字输入称为"做作业"。各年级老师办公室就像是"目录"；如果学校是"根目录"的话，校长要查看作业，先到办公室通知教师，教师到教室通知学生，学生出示相应的作业，这样的顺序就是"路径"。这样的形象比喻，会使学生觉得所学的内容形象、生动，从而增强记忆效果。

又如，唐代诗人贺知章的《咏柳》诗：

碧玉妆成一树高，万条垂下绿丝绦。

不知细叶谁裁出，二月春风似剪刀。

春风的形象并不鲜明，可是把它比作剪刀就具体形象了。使人马上领悟到柳树碧、柳枝绿、柳叶细，都是春风的功劳。于是，这首诗便记住了。

运用比喻记忆法，实际上是增加了一条类比联想的线索，它能够帮助我们打开记忆的大门。但是，应该注意的是，比喻要形象贴切，浅显易懂，这样才便于记忆。

第七节
另类思维创造记忆天才

"零"是什么，是一个很有趣味性的创造性思维开发训练活动。"零"或"0"是尽人皆知的一种最简单的文字符号。这里，除了数字表意功能以外，请你发挥创造性想象力，静心苦想一番，看看"0"到底是什么，你一共能想出多少种，想得越多越好，一般不应少于30种。

为了使你能尽快地进入角色，现做如下提示：有人说这是零，有人说这是脑袋，有人说这是地球，有人说这是宇宙。几何教师说"是圆"，英语老师说"是英文字母O"，化学老师讲"是氧元素符号",美术老师讲"画的是一个蛋"。幼儿园的小朋友们认为"是面包圈""是铁环""是项链""是孙悟空头上的金箍""是杯子""是叔叔脸上的小麻坑"……

另类思维就是能对事物做出多种多样的解释。

之所以说另类思维创造记忆天才,是因为所谓"天才"的思维方式和普通人的传统思维方式是不同的。一般记忆天才的思维主要有以下几个方面:

1. 思维的多角度

记忆天才往往会发现某个他人没有采取过的新角度。这

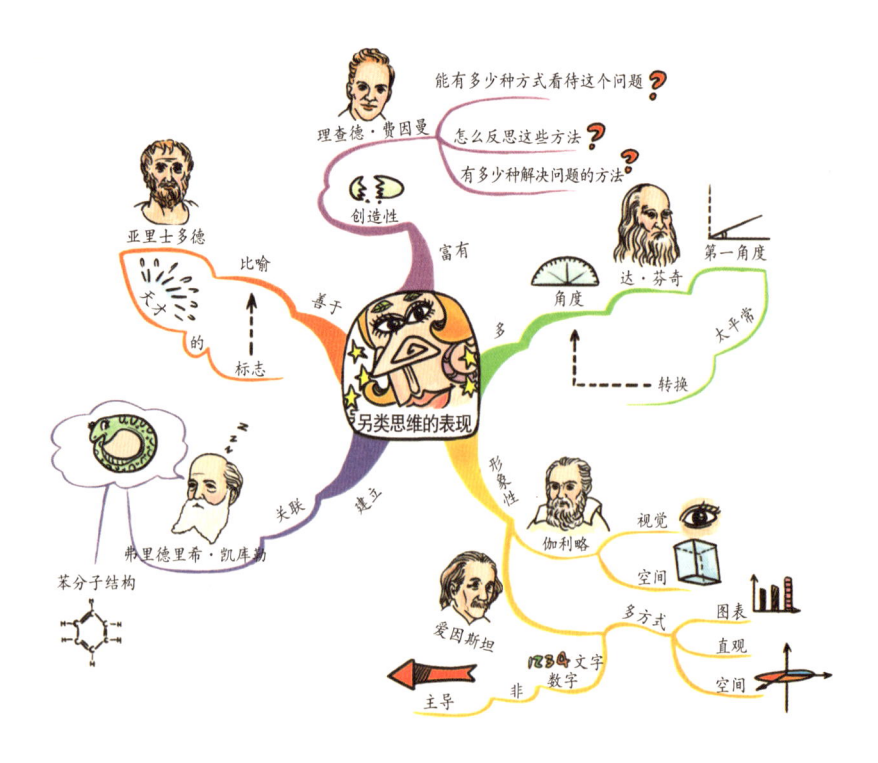

样培养了他的观察力和想象力，同时也能培养思维能力。通过对事物多角度的观察，在对问题认识得不断深入中，就记住了要记住的内容。

大画家达·芬奇认为，为了获得有关某个问题构成的知识，首先要学会如何从许多不同的角度重新构建这个问题，他觉得，他看待某个问题的第一种角度太偏向于自己看待事物的通常方式，他就会不停地从一个角度转向另一个角度，重新构建这个问题。他对问题的理解和记忆就随着视角的每一次转换而逐渐加深。

2. 善用形象思维

伽利略用图表形象地体现出自己的思想，从而在科学上取得了革命性的突破。天才们一旦具备了某种起码的文字能力，似乎就会在视觉和空间方面形成某种技能，使他们得以通过不同途径灵活地展现知识。当爱因斯坦对一个问题做过全面的思考后，他往往会发现，用尽可能多的方式（包括图表）表达思考对象是必要的。他的思想是非常直观的，他运用直观和空间的方式思考，而不用沿着纯数学和文字的推理方式思考。爱因斯坦认为，文字和数字在他的思维过程中发挥的作用并不重要。

3. 天才设法在事物之间建立联系

如果说天才身上突出体现了一种特殊的思想风格，那就是把不同的对象放在一起进行比较的能力。这种在没有关联的事物之间建立关联的能力使他们能很快记住别人记不住的东西。德国化学家弗里德里希·凯库勒梦到一条蛇咬住自己的尾巴，从而联想到苯分子的环状结构。

4. 天才善于比喻

亚里士多德把比喻看作天才的一个标志。他认为，那些能够在两种不同类事物之间发现相似之处并把它们联系起来的人具有特殊的才能。如果相异的东西从某种角度看上去确实是相似的，那么，它们从其他角度看上去可能也是相似的。这种思维能力加快了记忆的速度。

5. 创造性思维

我们的思维方式通常是复制性的，即以过去遇到的相似问题为基础。

相比之下，天才的思维则是创造性的。遇到问题的时候，他们会问："能有多少种方式看待这个问题？""怎么反思这些方法？""有多少种解决问题的方法？"他们常常能对问题提出多种解决方法，而有些方法是非传统的，甚至可能是奇特的。

运用创造性思维，你就会找到尽可能多的可供选择的记忆方法。

诺贝尔奖获得者理查德·费因曼在遇到难题的时候总会萌发出新的思考方法。他觉得，自己成为天才的秘密就是不理会过去的思想家们如何思考问题，而是创造出新的思考方法。你如果不理会过去的人如何记忆，而是创造新的记忆方法，那么你总有一天也会成为记忆天才。

第八节
左右脑并用创造记忆的神奇效果

左右脑分工理论告诉我们，运用左脑，过于理性；运用右脑，又容易流于滥情。从 IQ（学习智能指数）到 EQ（心的智能指数），便是左脑型教育沿革的结果；而将"超个人"这种所谓的超常现象，由心理学的层面转向学术方面的研究，更代表了人们有意再度探索全脑能力的决心。

若能持续地进行右脑训练，进而将左脑与右脑好好地、平衡地加以开发，则记忆就有了双管齐下的可能：由右脑承担形象思维的任务，左脑承担逻辑思维的重任，左右脑协调，以全脑来控制记忆过程，自然会取得出人意料的高效率。

另据生理学家研究发现，除了左右脑在功能上存在巨大差异外，大脑皮层在机能上也有精细分工，各部位不仅各有专职，并有互补合作、相辅相成的作用。

由于长期以来，人们对智力的片面运用以及不良的用脑习惯的结果，不仅造成了大脑部分功能负担过重，学习和记忆能力下降，而且由此影响了思维的发展。

为了扭转这种局面，就需要运用全脑开动，左右脑并用。

1. 使左右脑交叉活动

交叉记忆是指记忆过程中，有意识地交叉变换记忆内容，特别是交叉记忆那些侧重于形象思维与侧重于抽象逻辑思维的不同质的学习材料，以使大脑较全面发挥作用。记忆中，还可以利用一些相辅相成的手段使大脑两半球同时开展活动。

2. 进行全脑锻炼

全脑锻炼是指在记忆中，要注意使大脑得到全面锻炼。

记忆力测试

用几分钟的时间来观察下面这幅由乔治·德拉·图尔所作的画。然后尽量不要看图画，回答接下来的10个问题。

1. 画中靠左边的男人，放在身后的那只手里拿着的扑克牌是什么数字？
2. 画中靠左边的女人是用哪只手把酒杯端到桌子旁边的？
3. 其中一个人手里拿着一张黑桃牌。是真是假？
4. 你在桌子上看到了什么？
5. 戴着珍珠项链的女人在画中是侧面像还是正面像？
6. 正对着我们的那个女人是用哪只手握着牌？
7. 画中有两个男人正在对视。是真是假？
8. 戴着红色头巾的女人正在注视哪个方向？
9. 画中的两个人物是用什么来装饰她们的头发的？
10. 画中左边的那个男人穿的衣服是用红色缎带来装饰的。是真是假？

大脑皮层在机能上有精细的分工，但其功能的发挥和提高还要靠后天的刺激和锻炼。由于大脑皮层上有多种机能中枢，要使这些中枢的机能都发展到较高水平，就应在用脑时注意使大脑得到全面的锻炼。

比如在记忆语言时，由于大脑皮层有4个有关语言的中枢——说话中枢、书写中枢、听话中枢和阅读中枢，所以为了使这些中枢的机能都得到锻炼，就应当在记忆时把说、写、听、读这几种方式结合起来，或同时进行这几种方式的记忆。

发挥左右脑功能并用的办法学语言是用语言思维，例如，学英语单词"bed"时，应该在头脑中浮现出"床"的形象来，而不是去记"床"这个字。为什么学习本国语言容易呢？因为你从小学习就是从实物形象入手，说到"暖水瓶"，谁都会立刻想起暖水瓶的形象来，而不是浮现出"暖水瓶"三个字形来，说到动作你就会浮现出相应的动作来，所以学得容易。我们学习外语时，如能让文字变成图画，在你眼前浮现出形象来——这就让右脑起作用了。每个句子给你一个整体的形象，根据这个形象，通过上下文来判别，理解就更透了。

教育学、心理学领域的很多研究结果也显示，充分利用左右脑来处理多种信息对学习才是最有效的。

第九节
快速提升记忆的9大法则

在学习过程中,每一个学习者都会面临记忆的难题,在这里,我们介绍了一个记忆9大法则,以便帮助我们更好地提高记忆力,获得学习高分。

记忆的9大法则如下:

1. 利用情景进行记忆

人的记忆有很多种,而且在各个年龄段所使用的记忆方法也不一样,具体说来,大人擅长的是"情景记忆",而青少年则是"机械记忆"。

比如每次在考试前,采取临阵磨枪、死记硬背的同学很多。其中有一些同学,在小学或初中时学习成绩非常好,但一进了高中成绩就一落千丈。这并不是由于记忆力下降了,而是随着年龄的增长,擅长的记忆种类发生了变化,依赖死记硬背是行不通了。

2. 利用联想进行记忆

联想是大脑的基本思维方式,一旦你知道了这个奥秘,并知道如何使用它,那么,你的记忆能力就会得到很大的提高。

我们的大脑中有上千亿个神经细胞,这些神经细胞与其他神经细胞连接在一起,组成了一个非常复杂而精密的神经回路。包含在这个回路内的神经细胞的接触点达到1000万亿个。

突触的结合又形成了各种各样的神经回路，记忆就被储存在神经回路中，这些突触经过长期的牢固结合，传递效率将会提高，使人具有很强的记忆力。

3. 运用视觉和听觉进行记忆

每个人都有适合自己的记忆方法。视觉记忆力是指对来自视觉通道的信息的输入、编码、存储和提取，即个体对视觉经验的识记、保持和再现的能力。

视觉记忆力对我们的思维、理解和记忆都有极大的帮助。如果一个人视觉记忆力不佳，就会极大地影响他的学习效果。

相对视觉而言，听觉更加有效。由耳朵将听到的声音传到

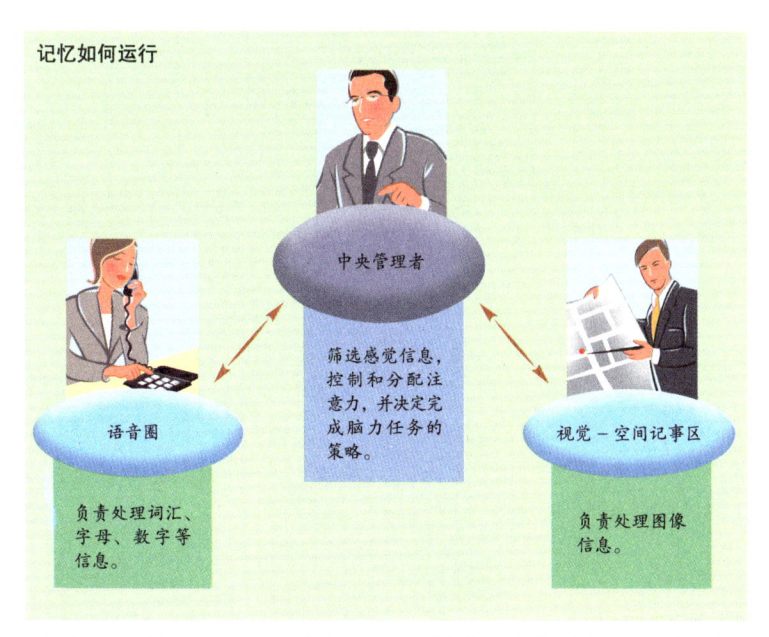

记忆如何运行

中央管理者

筛选感觉信息，控制和分配注意力，并决定完成脑力任务的策略。

语音圈

负责处理词汇、字母、数字等信息。

视觉－空间记事区

负责处理图像信息。

◘ 为了表述短期记忆的运行机制，1974年，心理学家阿兰·柏德雷提出了上面这个至今仍在不断优化的模型。

思维导图 | 超级记忆术

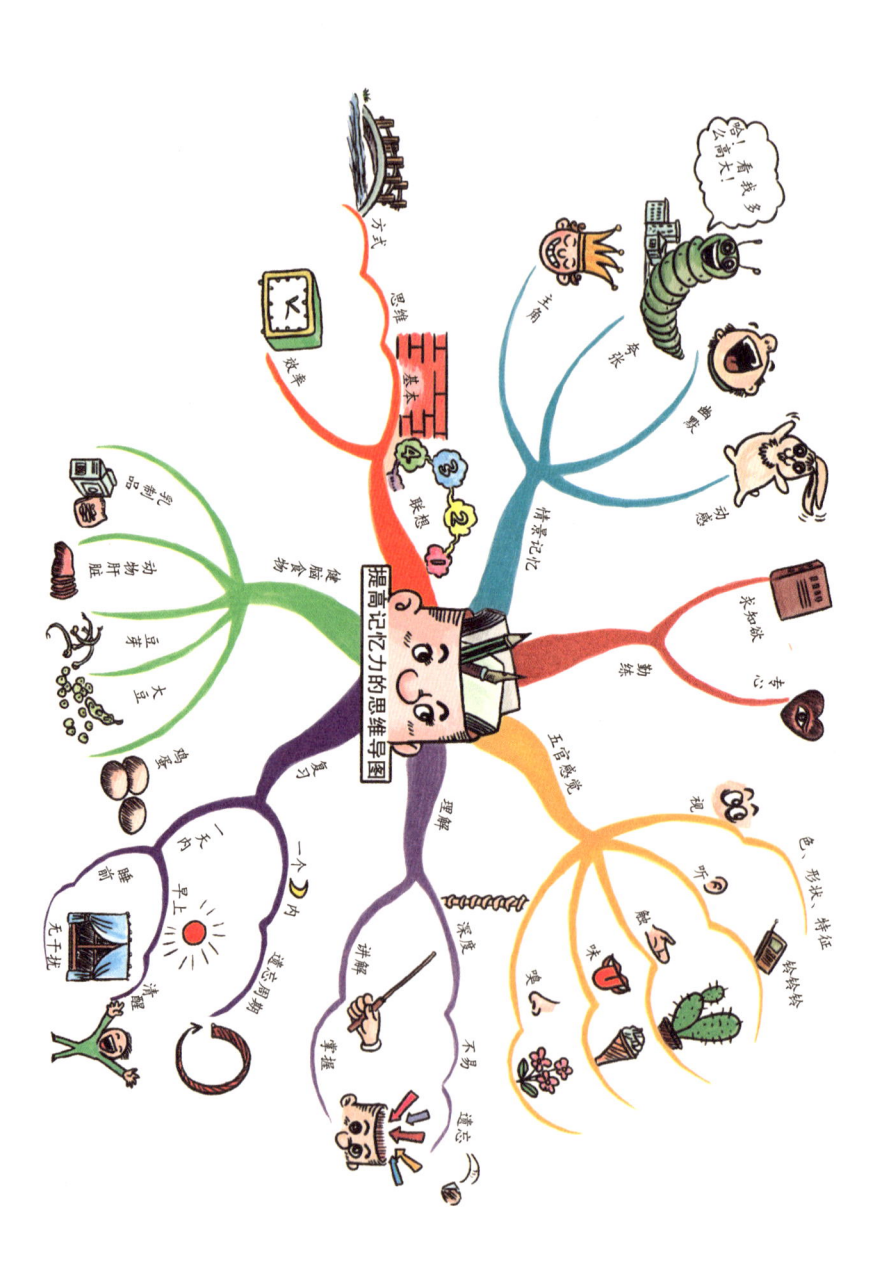

提高记忆力的思维导图

大脑知觉神经，再传到记忆中枢，这在记忆学领域中叫"延时反馈效应"。比如，只看过歌词就想记下来是非常困难的，但要是配合节奏唱的话，就很快能够记下来，比起视觉的记忆，听觉的记忆更容易留在心中。

4. 使用讲解记忆

为了使我们记住的东西更深，我们可以把自己记住的东西讲给身边的人听，这是一种比视觉和听觉更有效的记忆方法。

但同时要注意，如果自己没有清楚地理解，就不能很好地向别人解释，也就很难能深刻地记下来。所以首先理解你要记忆的内容很关键。

5. 保证充足的睡眠

我们的大脑很有意思，它也必须需要充足的睡眠才能保持更好的记忆力。有关实验证明，比起彻夜用功、废寝忘食，睡眠更能保持记忆。睡眠能保持记忆，防止遗忘，主要原因是因为在睡眠中，大脑会对刚接收的信息进行归纳、整理、编码、存储，同时睡眠期间进入大脑的外界刺激显著减少，我们应该抓紧睡前的宝贵时间，学习和记忆那些比较重要的材料。不过，既不应睡得太晚，更不能把书本当作催眠曲。

有些学习者在考试前进行突击复习，通宵不眠，更是得不偿失。

6. 及时有效地复习

有一句谚语叫"重复乃记忆之母"，只要复习，就会很好地记住需要记住的东西。不过，有些人不论重复多少遍都记不住要记住的东西，这跟记忆的方法有关，只要改变一下方法就会获得另一种效果。

7. 避免紧张状态

不少人都会有这种经历，突然要求在很多人面前发表讲话，或者之前已经做了一些准备，但开口讲话时还是会紧张，甚至突然忘记自己要讲解的内容。虽然说适度的紧张会提高记忆力，但是过度紧张的话，记忆就不能很好地发挥作用。

所以，我们在平时应该多训练自己当众演讲，以减少紧张的感觉。

8. 利用求知欲记忆

有人认为，随着年龄的增长，我们的记忆力会逐渐减退，其实，这是一种错误的认识。记忆力之所以会减退，与本人对事物的热情减弱、失去了对未知事物的求知欲有很大的关系。

对一个善于学习的人来说，记忆时最重要的是要有理解事物背后的道理和规律的兴趣。一个有求知欲的人即便上了年纪，他的记忆力也不会衰退，反而会更加旺盛。

9. 持续不断地进行记忆努力

要想提高自己的记忆力，需要不断地锻炼和练习，进行有意识地记忆。比如可以对身边的事物进行有意识的提问，多问几个"为什么"，从而加深印象，提升记忆能力。

在熟悉了记忆的9大法则后，我们就可以根据自己的情况做出提高记忆力的思维导图了。

第三章

引爆记忆潜能

第一节
你的记忆潜能开发了多少

俄国有一位著名的记忆家,他能记得15年前发生过的事情,甚至能精确到事情发生的某日某时某刻。你也许会说"他真是个记忆天才!"其实,心理学家鲁利亚曾用数年时间研究他,发现他的大脑与正常人没有什么两样,不同的只是他从小学会了熟记发生在身边的事情的方法而已。

每个人读到这里都会觉得不可思议。其实,人脑记忆是大有潜力可挖的。你也可以向这位记忆家一样,而这绝对不是信口开河。

现代心理学研究证明,人脑由140亿~160亿个神经细胞构成,每个细胞有1000~10000个突触,其记忆的容量可以收容一生之中接收到的所有信息。即便如此,在人生命将尽之时,大脑还有记忆其他信息的"空地"。一个正常人头脑的储藏量是美国国会图书馆全部藏书的50倍,而此馆藏书量是1000万册。

人人都有如此巨大的记忆潜力,而我们却整天为误以为自己"先天不足"而长吁短叹、怨天尤人,如果你不相信自己有这样的记忆潜力的话,你可以做下面的实验证明。

请准备好钟表、纸、笔,然后记忆下面的一段数字(30

位）和一串词语（要求按照原文顺序，直到能够完全记住为止。写下记忆过程中重复的次数和所花的时间等。4小时之后，再回忆默写一次（注意：在此之前不能进行任何形式的复习），然后填写这次的重复次数和所花的时间。

数字：109912857246392465702591436807

词语：恐惧　马车　轮船　瀑布　熊掌　武术　监狱　日食　石油　泰山

学习所用的时间：

重复的次数：

默写出错率：

此时的时间：

▫ 神经图像表明，西姆·伯军除了利用程序记忆外，还利用了情景记忆来实现对几乎无限量的数字和字母的记忆。

4小时后默写出错率：

现在再按同样的形式记忆下面的两组内容，统计出有关数据，但必须使用提示中的方法来记忆。

数字：18710534127982658766389 0278643

［提示：使用谐音的方法给每个数字确定一个代码字，连成一个故事。故事大意：你原来很胆小，服了一种神奇的药后，大病痊愈，从此胆大如斗，连杀鸡这样的"大事"也不怕了，一刀砍下去，一只矮脚鸡应声而倒。为了庆祝，你和爸爸，还有你的一位朋友，来到酒吧。你的父亲饮了63瓶啤酒，大醉而归。走时带了两个西瓜回去，由于大醉，全都丢光了。现在，你正给你的这位朋友讲这件事，你说："一把奇药（1871），令吾杀死一矮鸡（0534127），酒吧（98），尔来（26），吾爸吃了63啤酒（58766389），拎两西瓜（0278），流失散（643）。"］

词语：火车 黄河 岩石 鱼翅 体操 惊讶 煤炭 茅屋 流星 汽车

［提示：把10个词语用一个故事串起来，请在读故事时一定要像看电视剧一样在脑中映出这个故事描述的画面来。故事如下：一列飞速行驶的"火车"在经过"黄河"大桥时撞在"岩石"上，脱轨落入河中，河里的"鱼"受惊之后展"翅"飞出水面，纷纷落在岸上，活蹦乱跳，像在做"体操"似的。人们目睹此景大为"惊讶"，驻足围观。有几个聪明人拿来"煤炭"，支起炉灶来煮鱼吃。煤不够了就从"茅屋"上扒下干

草来烧。鱼刚煮好，不料，一颗"流星"从天而降砸在炉上。陨石有座小山那么大，上面有个洞，洞中开出一辆"汽车"，也许是外星人的桑塔纳吧。］

学习所用的时间：

重复的次数：

默写出错率：

此时的时间：

4小时后默写出错率：

通过比较两次学习的效果，可以看出：使用后面提示中的记忆方法来记忆时，时间短，记忆准确，效果持久。

其实，许多行之有效的记忆训练方法还鲜为人知，本书就将为你介绍很多有效的训练方法。如果你能掌握并运用好其中的一个方法，你的记忆就会被强化，一部分潜能也就会被开发出来而产生很可观的实际效果；如果你能全面地掌握并运用好这些训练方法，使它们在相互协同中产生增值效应，那么你的记忆力就会有惊人的长进，近于无穷的潜能也会释放出来。多数人自我感觉记忆不良，大都是记忆方法不当所造成的。

所以，我们要相信自己的大脑，它就犹如照相底片，等待着信息之光闪现；又如同浩瀚的汪洋，接纳川流不息的记忆之"水"——无"水"满之患；还好像没有引爆的核材料，一旦引爆，它会将蕴藏的超越其他材料万亿倍的核热潜能释放出来，让你轻而易举地腾飞，铸就辉煌，造福人类和自己。

当然，值得注意的是，虽然记忆大有潜力可挖，但是也不要滥用大脑。因为大脑是一个有限的装置——记忆的容量不是无限的，一瞥的记忆量很有限。过频地使用某些部位的脑神经细胞，时间一久，还会出现功能降减性病变（主症是效率突减），脑细胞在中年就不断地死亡而数量不断地减少，其功能也由此而衰退……

故此，不要"锥刺股，头悬梁"地去记忆那些过了时的、杂七杂八、无关紧要、结构松散、毫无生气、可用笔记以及其他手段帮助大脑记忆的信息。

第二节
明确记忆意图，增强记忆效果

美国心理学家威廉·詹姆斯说："天才的本质，在于懂得哪些是可以忽略的。"

很多人可能都有这样的体会：课堂提问前和考试之前看书，记忆效果比较好，这主要是因为他们记忆的目的明确，知道自己该记什么，到什么时候记住，并知道非记住不可。这种非记住不可的紧迫感，会极大地提高记忆力。

原南京工学院讲师韦钰到德国进修，靠着原来自修德语的一点基础，仅用了四个月的时间就攻下了德语关，表现出惊人的记忆能力。这种惊人的记忆力与"一定要记住"的紧迫感有关，而这种紧迫感又来自韦钰正确的学习目的和研究动机。

韦钰的事例证明，记忆的任务明确，目的端正，就能发掘出各种潜力，从而取得较好的记忆效果。有时，重要的事情遗忘的可能性比较小，就是这个道理。

不少人抱怨自己的记忆能力太差，其实这主要是在于学习的动机和目的不端正，学习缺乏强大的动力，不善于给自己提出具体的学习任务，因此在学习时，就没有"一定要记住"的紧迫感，注意力就不容易集中，使得记忆效果很差。

反之，有了"一定要记住"的认识，又有了"一定能记

优化购物单

当你每个星期都需要去一个离家较远的超市买一到两次东西时，分类法对你将会很有用。虽然你已经写下了需要买的东西，但是它们杂乱无章。这样一张清单并不是很有用，它会使你在超市里多次来回走动。相反，如果对物品进行合理的分类（肉类、奶制品等），就能节省时间。这样，你不再需要从卖蔬菜的柜台再走回调料品区，因为你发现自己忘了买芥末酱。为了制作这样一张购物单，你可以尝试在脑海中构想从进入超市到收银台你将要走的路线。

购物单
水果和蔬菜
沙拉、胡萝卜、橙子
奶制品
牛油、白奶酪
肉类
鸡、牛排
速冻品
比萨饼、冰激凌
不易变质的食品
米、面条、酱
卫生品
肥皂、棉花
家务用品
洗涤剂、柔化剂

住"的信心，记忆的效果一定会好的。

基于以上原因，我们在记忆之前应给自己提出识记的任务和要求。例如，在读文章之前，预先提出要复述故事的要求；去动物园之前，要记住哪些动物的外形、动作及神态，回来后把它们画出来，贴在墙上。这就调动了在进行这些活动中观察、注意、记忆的积极性。

另外，光有目的还不行，如很多人在考试之前，花了很多时间记忆学习，但考试之后，他努力背的那些知识很快就忘记了，因此，记忆时提出的目的还应该是长远的、有意义的、有价值的、有一定难度的。

记忆目标是由记忆目的决定的。要确定记忆目标，首先要明确记忆的目的，即为了什么去进行记忆，然后根据记忆目的确定具体的记忆任务，并安排好记忆进程。对于较复杂的、需要较长时间来进行记忆的对象来说，应把制订长远目标和制订短期目标相结合，把长远目标分成若干不同的短期目标，通过跨越一个个短期目标去实现长远目标。

明确记忆目标，不是一个记忆的技巧问题，而是人的记忆动机、态度、意志的问题。在强大的动机支配下，用认真的态度和坚强的意志去记忆，这就是明确记忆目标的实质。我们懂得记忆的意义后，便会对记忆产生积极的态度。

确定记忆意图还要注意以下两个方面：

要注意记忆的顺序

例如，记数学公式时首先要理解公式的本质，而后通过公式推导来记住它，再运用图形来记住公式，最后是通过做类型题反复应用公式，来强化记忆。有了这样一个记忆顺序，就一定会牢记这些数学公式。

记忆目标要切实可行

在记忆学习中，确立的目标不仅应高远，还要切实可行。因为只有切实的目标才真正会激发人们为之奋斗的热情，才使人有信心、有把握地把目标变为现实。

总之，要使自己真正成为记忆高手，成为记忆方面的天才，你首先要做的就是要有一个明确的记忆意图。

第三节
记忆强弱直接决定成绩好坏

记忆力直接影响我们的学习能力，没有记忆，学习就无法进行。英国哲学家培根说过，一切知识，不过是记忆。记忆方法和其中的技巧，是学生提高学习效率、提升学习成绩的关键因素，没有记忆提供的知识储备，没有掌握记忆的科学方法，学习不可能有高效率。现在学生的学习任务繁重，各种考试应接不暇，如果记不住知识，学习成绩可想而知，一考试头脑就一片空白，考试只能以失败告终。

如果我们把学习当作是一场漫长的征途，那么记忆就像是你的交通工具，交通工具的速度直接关系到你学习成绩的好坏，即它将直接决定你学习效率的高低。俗话说得好，牛车走了一年的路程，还比不上飞船 1 小时走得远。在竞争日益激烈的今天，谁先开发记忆的潜力，谁就成为将来的强者。

美国心理学家梅耶研究认为，学习者在外界刺激的作用下，首先产生注意，通过注意来选择与当前的学习任务有关的信息，忽视其他无关刺激，同时激活长时记忆中的相关的原有知识。新输入的信息进入短时记忆后，学习者找出新信息中所包含的各种内在联系，并与激活的原有的信息相联系。最后，被理解了的新知识进入长时记忆中储存起来。

在特定的条件下，学习者激活、提取有关信息，通过外在的反应作用于环境。简言之，新信息被学习者注意后，进入短时记忆，同时激活的长时记忆中的相关信息也进入短时记忆。新旧信息相互作用，产生新的意义并储存于长时记忆系统，或者产生外在的反应。

具体地说，记忆在学习中的作用主要有以下几点：

1. 学习新知识离不开记忆

学习知识总是由浅入深，由简单到复杂，是循序渐进的。我们说，在学习新知识前，应该先复习旧知识，就是因为只有新旧知识相联系，才能更有效地记住新知识。忘记了有关的"旧"知识，却想学好新知识，那就如同想在空中建楼一样可笑。如果学习高中"电学"时，初中"电学"中的知识全都忘记了，那么高中的"电学"就很难学习下去。一位捷克教育家说："一切后教的知识都根据先教的知识。"可见，记住先教的知识对继续学习有多么重要。

2. 记忆是思考的前提

面对问题，引起思考，力求加以解决，可是一旦离开了记忆，思考就无法进行，问题也自然解决不了。假如在做求证三角形全等的习题时，却把三角形全等的判定公理或定理给忘了，那就无法进行解题的思考。人们常说，概念是思维的细胞，有时思考不下去的原因是由于思考时把需要使用的概念和原理遗忘了。经过查找或请教又重新回忆起来之后，中断的思考过程就可以继续下去了。宋代学者张载说过："不记则思不起。"这句话是很有道理的。如果感知过的事物不能在头脑中保存和再现，思维的"加工"也就成了无源之水、无米之炊了。

3. 记忆好有助于提高学习效率

记忆力强的人，头脑中都会有一个知识的贮存库。在新的学习活动中，当需要某些知识时，则可随时取用，从而保证了新知识的学习和思考的迅速进行，节省了大量查找、复习、重新理解的时间，使学习的效率大大提高。

一个善于学习的人在阅读或写作时，很少翻查字典，做习题时，也很少翻书查找原理、定律、公式等，因为这些知识已牢牢地贮存在他的大脑中了，而且可以随时取用。

不少人解题速度快的秘密在于，他们把常用的运算结果、常用的化学方程式的系数等已熟记在头脑中，因此，在解题时就不必在这些简单的运算上费时间了，从而可以把时间更多地用在思考问题上。由于记得牢固而准确，所以也就大大减少了临时运算造成的差错。

许多学习成绩差的人就是由于记忆缺乏所造成的。有科学研究表明，学习成绩差一些的人在记忆时会遇到两种问题：第一，与学习成绩优良的学生相比，学习成绩差一些的人在记忆任务上有困难；第二，学习成绩差一些的学生的记忆问题可能是由于不能恰当地使用记忆策略。

尽管记忆是每个人所具有的一种学习能力，但科学有效的记忆方法并不是每一个学习者都能掌握的。一些学习者会根据课程的学习目的和要求，选择重点、难点，然后根据记忆对象的实际情况运用一些记忆方法进行科学记忆，并在自己的学习活动中总结出适合自己学习特点的方法，巩固学习效果，达到学有所成，学有所用。

第四节
寻找记忆好坏的衡量标准

人人需要记忆，人人都在记忆，那么怎样衡量记忆的好坏呢？心理学家认为，一个人记忆的好坏，应以记忆的敏捷性、持久性、正确性和备用性为指标进行综合考查。

1. 敏捷性

记忆的敏捷性体现记忆速度的快慢，指个人在单位时间内能够记住的知识量，或者说记住一定的知识所需要的时间。著名桥梁学家茅以升的记忆相当敏捷，小时候看爷爷抄古文《东都赋》，爷爷刚抄完，他就能背出全文。若要检验一个人记忆的敏捷性，最好的方法就是记住自己背一段文章所需的时间。

2. 持久性

记忆的持久性是指记住的事物所保持时间的长短。不同的人记不同的事物时，其记忆的持久性是不同的。东汉末年杰出的女诗人蔡文姬能凭记忆回想出400多篇珍贵的古代文献。

3. 正确性

记忆的正确性是指对原来记忆内容的性质的保持。如果记忆的差错太多，不仅记忆的东西失去价值，而且还会有坏处。

4. 备用性

记忆的备用性是指能够根据自己的需要，从记忆中迅速而准确地提取所需要的信息。大脑好比是个"仓库"，记忆的备用性就是要求人们善于对"仓库"中储存的东西提取自如。有些人虽然记忆了很多知识，但却不能根据需要去随意提取，以至于为了回答一个小问题，需要背诵不少东西才能得到正确的答案。就像一个杂乱无章的仓库，需要提货时，保管员手忙脚乱，一时无法找到一样。

记忆指标的这四个方面是相互联系的，也是缺一不可的。忽视记忆指标的任何一个方面都是片面的。记忆的敏捷性是提高记忆效率的先决条件。只有记得快，才能获得大量的知识。

记忆的持久性是记忆力良好的一个重要表现。只有记得牢，才可能用得上。记忆的正确性是记忆的生命。只有记得准，记忆的信息才能有价值，否则记忆的其他指标也就相应地贬值。记忆的备用性也是很重要的。有了记忆的备用性，才会有智慧的灵活性，才能有随机应变的本领。

衡量一个人记忆的好坏除了上面这四个指标外，记忆的广度也是记忆的一个重要的衡量标准。记忆的广度是指群体记忆对象在脑中形成一次印象以后能够正确复现的数量。

譬如，先在黑板或纸板上写出一些词语：钢笔、书本、大海、太阳、飞鸟、学生、红旗等，用心看过一遍后，再进行复述，复述的词语越多，记忆的广度指标就越高。测量一个人记忆的广度，典型的方法就是复述数字：先在纸上写出一串数字，看一遍后，接着复述，有人能说出 8 位数字，有人能说出 12 位，有人则只能说清 4～5 位，一般人能复述 8～9 位。说得越多，当然越好，但这只代表记忆的一个指标量。

总之，衡量记忆的好坏，应该综合考量，而不应该强调某方面或忽视某方面。

第五节
掌握记忆规律，突破制约瓶颈

减负一直以来都是一个热门话题，虽然减少课业量是一种减负方法，但掌握记忆规律，按记忆规律学习应该是一种更好的办法。

掌握记忆规律和法则就能更高效地学习，这对于青少年是十分重要的。记忆与大脑十分复杂，但并不神秘，了解它们的工作流程就能更好地提高自身学习潜质。

人的大脑是一个记忆的宝库,人脑经历过的事物,思考过的问题,体验过的情感和情绪,练习过的动作,都可以成为人们记忆的内容。例如英文学习中的单词、短语和句子,甚至文章的内容都是通过记忆完成的。从"记"到"忆"是有个过程的,这其中包括了识记、保持、再认和回忆4个过程。

所谓识记,分为识和记两个方面。先识后记,识中有记。所谓保持,是指将已经识记过的材料,有条理地保存在大脑之中。再认,是指识记过的材料,再次出现在面前时,能够认识它们。重现,是指在大脑中重新出现对识记材料的印象。这几个环节缺一不可。在学习活动中只要进行有意识的训练,掌握记忆规律和方法,就能改善和提高记忆力。

对于一些学习者来说,对各科知识中的一些基本概念、定律以及其他工具性的基础知识的记忆,更是必不可少。因此,我们在学习过程中,既要进行知识的传授,又要注意对自己记忆能力的培养。掌握一定的记忆规律和记忆方法,养成科学记忆的习惯,就能提高学生的学习效率。

记忆有很多规律,如前面我们提到的艾宾浩斯遗忘曲线就是其中一个很重要的规律,我们可以根据这种规律进行及时适当的复习,适当过度学习,以使我们的记忆得以保持。

同时,也不可以一次记忆太多的东西,这就关系到记忆的广度规律。记忆力的广度性,指对于一些很长的记忆材料第一次呈现给你,你能正确地记住多少。记住的越多,你的记忆力的广度就越好。记忆的广度越来越大，记忆的难度就越来越大。如果你能记住的数字长度越长，你的记忆力的广度性就越好。

美国心理学家 G. 米勒通过测定得出一般成人的短时记忆平均值。米勒发现：人的记忆广度平均数为 7，即大多数人一次最多只能记忆 7 个独立的"块"，因此数字"7"被人们称为"魔数之七"。我们利用这一规律，将短时记忆量控制在 7 个之内，从而科学使用大脑，使记忆稳步推进。

综上所述，记忆与其他一切心理活动一样是有规律的。我们应积极遵循记忆规律，使用科学的记忆方法去进行识记，从而不断提高自己的学习效果，增强学习的兴趣。

第六节
改善思维习惯，打破思维定式

思维定式就是一种思维模式，是头脑所习惯使用的一系列工具和程序的总和。

一般来说，思维定式具有两个特点：一是它的形式化结构；二是它的强大惯性。

思维定式是一种纯"形式化"的东西，就是说，它是空洞无物的模型。只有当被思考的对象填充进来、当实际的思维过程发生以后，才会显示出思维定式的存在，没有现实的思维过程，也就无所谓思维的定式。

思维定式的第二个特点是，它具有无比强大的惯性。这种惯性表现在两个方面：一是新定式的建立；二是旧定式的消亡。有时，人的某种思维定式的建立要经过长期的过程，而一旦建立之后，它就能够"不假思索"地支配人们的思维过程、心理态度乃至实践行为，具有很强的稳固性甚至顽固性。

人一旦形成了习惯的思维定式，就会习惯地顺着定式的思维思考问题，不愿也不会转个方向、换个角度想问题，这是很多人都有的一种愚顽的"难治之症"。

比如看魔术表演，不是魔术师有什么特别高明之处，而是我们的思维过于因袭习惯之式，想不开，想不通，所以上当了。比如人从扎紧的袋里奇迹般地出来了，我们总习惯于想他怎么能从布袋扎紧的上端出来，而不会去想想布袋下面可以做文章，下面可以装拉链。

人一旦形成某种思维定式，必然会对记忆力产生极大的影响。因为，思维定式使学生以较固定的方式去记忆，思维定式不仅会阻碍学生采用新方法记忆，还会大大影响记忆的准确性，不利于记忆效果和学习成绩的提高。例如，很多人都认为学习时听音乐会影响学习效果，什么都记不住，可事实上，有研究表明，选好音乐能够开发右脑，从而提高学习记忆效率。因此，青少年在学习记忆的过程中，应有意识地打破自己的思维定式。

那么，如何突破思维定式呢？

先看一幅思维导图（见下页）。

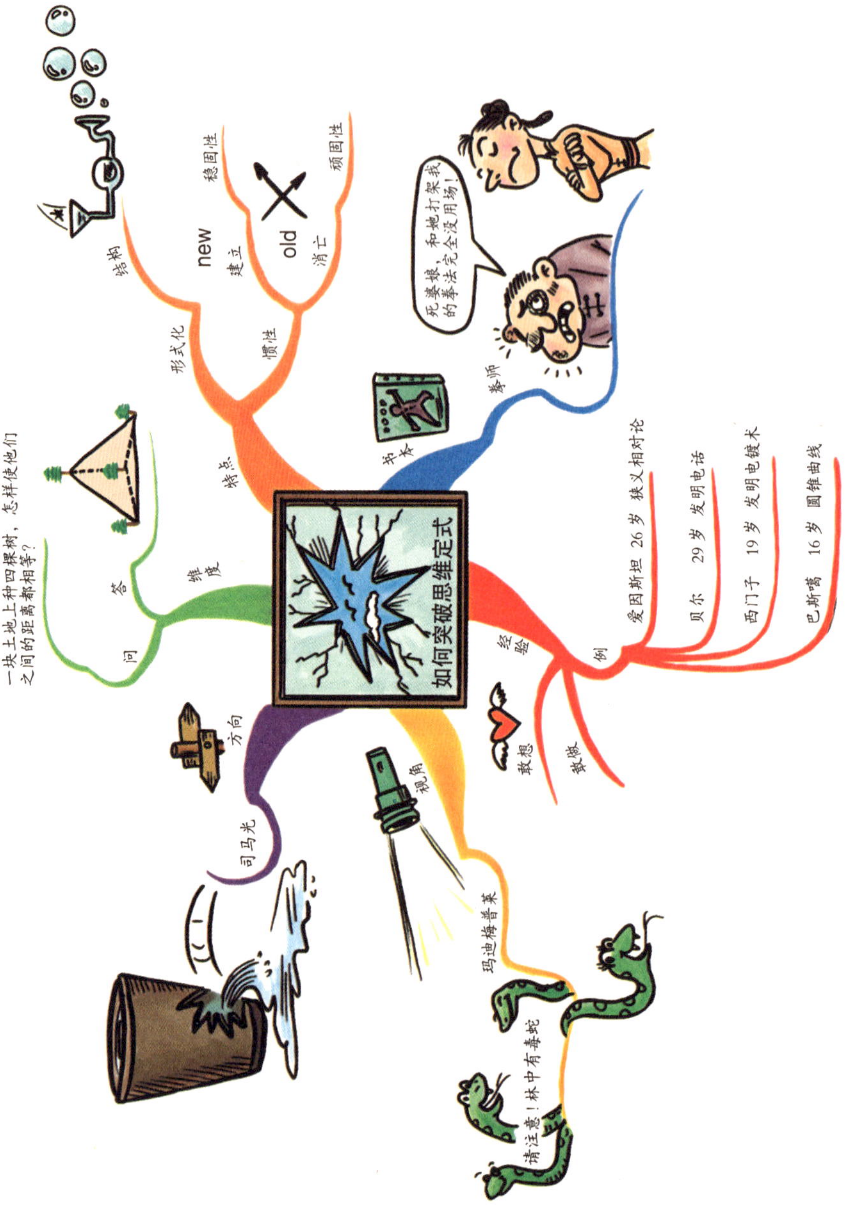
如何突破思维定式
维度
问
一块土地上种四棵树，怎样使他们之间的距离都相等？
答
特点
形式化
结构
惯性
new
建立
稳固性
old
消亡
顽固性
书本
拳师
死婆娘，和她打架我的拳法完全没用场！
经验
例
爱因斯坦 26岁 狭义相对论
贝尔 29岁 发明电话
西门子 19岁 发明电镀术
巴斯噶 16岁 圆锥曲线
敢想
敢做
视角
玛迪梅普莱
请注意！林中有毒蛇
方向
司马光

我们可从以下几个方面入手：

1. 突破书本定式

有位拳师，熟读拳法，与人谈论拳术滔滔不绝，拳师打人，也确实战无不胜，可他就是打不过自己的老婆。拳师的老婆是一位不知拳法为何物的家庭妇女，但每每打起来，总能将拳师打得抱头鼠窜。

有人问拳师："您的功夫都到哪里去了？"

拳师恨恨地说："这个死婆娘，每次与我打架，总不按路数出招，害得我的拳法都没有用场！"

拳师精通拳术，战无不胜，可碰到不按套路出招的老婆时，却一筹莫展。

"熟读拳法"是好事，但拳法是死的，如果盲目运用书本知识，一切从书本出发，以书本为纲，脱离实际，这种由书本知识形成的思维定式反而使拳师遭到失败。

"知识就是力量。"但如果是死读书，仅限于从教科书的观点和立场出发去观察问题，不仅不能给人以力量，反而会抹杀我们的创新能力。所以学习知识的同时，应保持思想的灵活性，注重学习基本原理而不是死记一些规则，这样知识才会有用。

2. 突破经验定式

在科学史上有着重大突破的人，几乎都不是当时的名家，而是学问不多、经验不足的年轻人，因为他们的大脑拥有无限的想象力和创造力，什么都敢想，什么都敢做。下面的这些人就是最好的例证：

爱因斯坦 26 岁提出狭义相对论；

贝尔 29 岁发明电话；

西门子 19 岁发明电镀术；

帕斯卡 16 岁写成关于圆锥曲线的名著……

3. 突破视角定式

法国著名歌唱家玛迪梅普莱有一座美丽的私人园林，每到周末总会有人到她的园林摘花、拾蘑菇、野营、野餐，弄得园林一片狼藉，肮脏不堪。管家让人围上篱笆，竖上"私人园林禁止入内"的木牌，均无济于事。玛迪梅普莱得知后，在路口立了一些大牌子，上面醒目地写着："请注意！如果在林中被毒蛇咬伤，最近的医院距此 15 千米，驾车约半小时方可到达。"从此，再也没有人闯入她的园林。

这就是变换视角，变堵塞为疏导，果然轻而易举地达到了目的。

4. 突破方向定式

"司马光砸缸"的故事就说明了这样的道理。常规的救人方法是从水缸上方将人拉出，即让人离开水。而司马光急中生智，用石砸缸，使水流出缸中，即水离开人，这就是逆向思维。逆向思维就是将自然现象、物理变化、化学变化进行反向思考，如此往往能出现创新。

5. 突破维度定式

只有突破思维定式，你才能把所要记忆的内容拓展开来，与其他知识相联系，从而提高记忆效率。

第七节
有自信，才有提升记忆的可能

自信，在任何时候都十分重要。古人行军打仗，讲求一个"势"字，注重军队的士气、斗志，如果上自统帅、下至走卒都有一股雄心霸气，相信自己会在战斗中取胜，那么，他们就会斗志昂扬。

最重要的是，这样的"自信之师"是决不会被轻易击垮的。有无自信，往往在一开始就注定了该事的成败。记忆也离不开自信，因为它是意识的活动，它的作用明显地取决于人的心理状况。这是因为人在处理事情时思维是分层的，由下到上包括环境层、行为层、能力层、信念层、身份层，很多事情的焦点是在身份层上的。两个人做一件事效果可以千差万别，这是因为他们对自己的身份定位决定了一切。

人的行为可以改变环境，而获得能力可以改变行为模式，但如果没有信

▫ 自信是我们战胜困难、取得成功的重要动力。

念，就不容易获得能力。记忆力属于能力层，如果要做改变，就要从根本上改变身份和信念。在这个层次塔中，上面的往往容易解决下面的问题，如果能力出现问题，从态度上改变，能力的改变就会持久。如果不能从信念上根本改变，即使学会了记忆方法，也会慢慢淡忘不用。

一名研究人类记忆力的教授曾说："一开始的时候，对于要记忆的东西，我自信能记住。然而不久我就发现，事实并非如此。我总是试图记住所有的资料，但从未如愿过，甚至能牢记不忘的部分也越来越少了。这时，我就不由得产生了怀疑：我的记忆力是不是不够好呢？我是不是只能记住一丁点儿的东西而不是全部呢？能力受到怀疑时，自信心自然也就受到创伤，态度便不再那么积极了。再次记忆的时候对记不记得住、能记得住多少，就没什么底了，抱着能记多少就记多少的态度，结果呢？记住的东西更少了，准确度也变差了。而且见了稍多要记忆的东西就害怕，记忆的效果自然就越来越低。没了自信，就没了那一股气。兴趣没有了，斗志没有了，记忆时似散兵游勇般弄得对自己越来越没自信。不相信自己能记住，往往就注定了你记不住。"

那么，这股自信应该建立在怎样的基础上呢？它要怎样培养并保持下去呢？关键就在于如何在记忆活动中用自信这股动力来加速记忆。

某位心理学专家说："自信往往取决于记忆的状况，取决于东西记住了多少。如果每次都能高质量地完成，自信心就会受到鼓舞而得到增强，并在以后发挥积极作用；反之，自信心就会逐渐减弱，甚至最后信心全无。"

因此，树立记忆自信的关键就在于：决心要记住它，并真正有效地记住它。

第八节
培养兴趣是提升记忆的基石

德国文学家歌德说："哪里没有兴趣，哪里就没有记忆。"这是很有道理的。兴趣使人的大脑皮层形成兴奋优势中心，能进入记忆最佳状态，调动大脑两个半球所有的内在潜力，充分发挥自己的创造力与记忆的潜能。所以说，"兴趣是最好的老师"。

达尔文在自传中写道："就我在学校时期的性格来说，其中对我后来发生影响的，就是我有强烈而多样的兴趣，沉溺于自己感兴趣的东西，深

▫ 莫扎特从小对音乐的兴趣和天赋对他以后的创作产生了重要的影响。

入了解任何复杂的问题。"

达尔文的事例说明,兴趣是最好的学习记忆动力。我们做任何事情,都需要一定的兴趣,没有兴趣去做,自然就很难做好。记忆有时候是一件很乏味甚至很辛苦的事,如果没有学习兴趣,不但很难坚持下去,而且其效果也必然会大打折扣。

兴趣可以让你集中注意力,暂时抛开身边的一切,忘情投入;兴趣能激发你思考的积极性,而且经过积极思考的东西能在大脑中留下思考的痕迹,容易记住;兴趣也能使你情绪高涨,可以激发脑肽的释放,而生理学家则认为,脑肽是帮助记忆学习的关键物质。

英国戏剧大师莎士比亚天生就迷恋戏剧,对演戏充满了兴趣。他博闻强识,很快就掌握了丰富的戏剧知识。有一次,一个演员病了,剧院的老板就让他去当替补,莎士比亚一听,乐坏了,他用了不到半天的时间,就把台词全背了下来,演得比那个演员还好。

德国大音乐家门德尔松17岁那年,曾经去听

◻ 德国著名音乐家门德尔松纪念碑

贝多芬第九交响曲的首次公演。等音乐会结束，回到家里以后，他立刻写出了全曲的乐谱，这件事震惊了当时的音乐界。虽然我们现在对贝多芬的第九交响曲早已耳熟能详，可在当时，首次聆听之后，就能记忆全曲的乐谱，实在是一件不可思议的事。

门德尔松为什么会这么神奇？原因就在于他对音乐的深深热爱。

兴趣促进了记忆的成功，记忆上的成功又会提高学习兴趣，这便是良性循环；反之，对某个学科厌烦，记忆必定失败，记忆的失败又加重了对这一学科的厌烦感，形成恶性循环。所以善于学习的人，应该是善于培养自己学习兴趣的人。

那么，如何才能对记忆保持浓厚的兴趣呢？以下几种建议我们不妨去试一试：

（1）多问自己"为什么"；

（2）肯定自己在学习上取得的每一点进步；

（3）根据自己的能力，适当地参加学习竞赛；

（4）自信是增加学习兴趣的动力，所以一定要相信自己的能力；

（5）不只是去做感兴趣的事，而要以感兴趣的态度去做一切该做的事。

不仅如此，我们还要在学习和生活中积极地去发现、创造乐趣。

如果你想知道苹果好不好吃，就不能单凭主观印象，而应耐着性子细细品尝，学习的时候也一样。背英文单词，你会觉得枯燥无味，但是坚持下去，当你能试着把课本上的中文翻译成英语，或结结巴巴地用英语同外国人对话时，你对它就会有兴趣了。

在跟同学辩论的时候，时而引用古人的一句诗词，时而引用一句名言，老师的赞赏和同学们的羡慕，会使你对读书越来越有兴趣。

我们还可以借助想象力创造兴趣，把枯燥的学习材料变得好玩又好记。

第九节
观察力是强化记忆的前提

我们都有这么一个经验，当我们用一个锥子在金属片上打眼时，劲使得越大，眼就钻得越深。

记忆的道理也是如此，印象越深刻，记得就越牢固。深刻的事件、深刻的教训，通常都带有难以抹去的印痕。如你看到一架飞机坠毁，这当然是记忆深刻的；又如你因大意轻信了某人，被骗去最心爱的东西，这也容易记得深刻。

但生活中许多事情并不是这样，它本身并没有什么动人的场面和跌宕的变化，我们要想从主观上获得强烈的印象，就要靠细致的观察。

观察能力是大脑多种智力活动的一个基础能力，它是记

□ 达尔文之所以取得如此大的成就，是因为他有着超强的精细观察能力。

忆和思维的基础，对于记忆有着决定性的意义。因为记忆的第一阶段必须要有感性认识，而只有强烈的印象才能加深这种感性认识。眼睛接收信息时，就要把它印在脑海里。对于同一幅景物，婴儿的眼和成人的眼看来都是一样的，一个普通人及一个专家眼中所视的客体也是一样的，但引起的感觉却是大相径庭的。

达尔文曾对自己做过这样的评论："我既没有突出的理解力，也没有过人的机智。只是在觉察那些稍纵即逝的事物并对其进行精细观察的能力上，我可能在众人之上。"

我们应该向达尔文学习，不管记忆最终会产生什么效果，前提是一定要进行仔细的观察，只有这样做才能在脑海中形成深刻的印象。而认真观察的先决条件，就是必须有强烈的

目的。

我们观察某一事物时,常常由于每个人的思考方式不同,每个人观察的态度与方法及侧重点也不同,观察结果自然也不同,这又使最后记忆的结果不同。

在日常生活中,你可以经常做一些小的练习训练你的观察力,譬如读完一篇文章后,把自己读到的情节试着记录下来,用自己的语言将其中的场面描绘一番。

这样你就可以测试自己是否能把最主要的部分准确地记住,从而在一定程度上锻炼自己的观察力,这种训练可以称之为"描述性"训练。为达到更好的训练效果,我们应该在平时处处留心,比如每天会碰到各种各样的人,当你见到一个很特别的人之后,不妨在心里描绘那人的特点。

或者,在吃午饭时我们仔细地观察盘子,然后闭上眼睛放松一会儿,我们就能运用记忆再复制的能力在内心里看到这个盘子。

一旦我们在内心里看到了它,就睁开眼睛,把"精神"的盘子和实际的盘子进行比较,然后我们再闭上眼睛修正这个图像,用几秒钟的时间想象,然后确定下来,那么就能立刻校正你在想象中可能不准确的地方。

在训练自己的观察力时,我们还要谨记以下几点:

(1)不要只对刚刚能意识到的一些因素发生反应,因为事物的组成是复杂的,有时恰恰是那些不易被人注意的弱成分起着主导作用。如果一个人太过拘泥于事物的某些显著的外部因素，观察就会被表象所迷惑，深入不下去。

（2）不要只是对无关的一些线索产生反应，这样会把观察、思维引入歧途。

（3）不要为自己喜爱或不喜爱之类的情感因素所支配。与自己的爱好、兴趣相一致的，就努力去观察，非要搞个水落石出不可；反之，则弃置一旁。这样的观察带有很大的片面性。

（4）不要受某些权威的、现成的结论的影响，以至于我们不敢越雷池半步，甚至人云亦云。这种观察毫无作用。

综合以上因素，我们可以画出利用观察力强化记忆的思维导图。

第四章

对症下药记忆法

第一节
外语知识记忆法

很多人在学习英语的过程中遇到的最多的问题就是记不住单词。这在很大程度上影响了对英语的学习兴趣，英语成绩自然上不去。一些人认为背单词是件既吃力又没有成效的苦差事。实际上，若能采用适当的方法，不但能够记住大量的单词，还能提高对英语的兴趣。下面我们来简单介绍几种单词记忆的方法，这些方法你可以用思维导图的形式总结出来：

1. 谐音法

利用英语单词发音的谐音进行记忆是一个很好的方法。由于英语是拼音文字，看到一个单词可以很容易地猜到它的发音；听到一个单词的发音也可以很容易地想到它的拼写。所以，如果谐音法使用得当，是最有效的记忆方法，可以真正做到过目不忘。

如英语里的 2 和 two，4 和 four。quaff n./v. 痛饮，畅饮。记法：quaff 音"夸父"→夸父追日，渴极痛饮。hyphen n. 连字号"-"。记法：hyphen 音"还分"→还分着呢，快用连字号连起来吧。shudder n./v. 发抖，战栗。记法：音"吓得"→吓得发抖。

不过，像其他的方法一样，谐音法只适用于一部分单词，切忌滥用和牵强。将谐音法用于记忆英文单词并加以系统化是一个尝试。本书在前面已经讲过：谐音法的要点在于由谐音产生的词或词组（短语）必须和词语的词义之间存在一种平滑的联系。这种方法用于英语的单词记忆也同样要遵循这个要点。

2. 音像法

我们这里所说的音像法就是利用录音和音频等手段进行记忆的方法。该方法在记住单词的同时还可以训练和提高听力，印证以前在课堂上或书本里学到的各种语言现象等。

例：There's only one way to deal with Rome, Antinanase You mustserve her, you must abase yourself before her, you must grovel at her feet, you must love her.

3. 分类法

把单词简单地分成食品、花卉等，中等的难度可分成政治、经济、外交、文化、教育、旅游、环保等类，难一些的分类是科技、国防、医疗卫生、人权和生物化学等。这些分类是根据你运用的难度决定的。古人云"举一纲而万目张"，就是有了记忆线索，那么就有了记忆的保证。

简单的举例，比如大学一、二、三、四年级学生分别是 freshman、sophomore、junior、senior student，本科生是 undergraduate，研究生 postgraduate，博士 doctor，大学生 college graduates，大专生 polytechnic college graduates，中专生 secondary school graduates，小学毕业生 elementary school graduates，夜校 night school，电大 television university，函授 correspondence course，短训班 short-termclass，速成班 crash course，补习班 remedial class，扫盲班 literacy class，这么背下来，是不是简单了很多？而且有了比较和分类自然就有了记忆线索。

4. 听说读写结合法

听说读写结合记忆的依据是我们前面所讲到的多种感官结合记忆法。我们可以把所有要背的资料通过电脑录制到自己的 MP3 里去，根据原文可以录中文，也可以录英文，发音尽量标准，放录音的时候，一定要手写下来，具体做法是：

第一次听写放一个句子，要求每个句子、每个单词都写下来；以后的第二、第三次听写要求听一段话，只记主谓宾和数字等（口译笔记的初步），每听一段原文，写下自己的笔记，然后自己根据笔记翻译出来；再以后几次只要听就可以了，放更长的句子，只根据记忆口述翻译。这个锻炼很有意思，能把你以前的学习实战化，而且能发现自己发音不准确的地方，知道自己是否有这个那个的问题有待解决。

对英语知识的记忆，或许你会有自己一套行之有效的方法，你不妨用思维导图把它"画"下来。

学英语，记单词，应该走出几个误区：

（1）过于依赖某一种记忆方法

现在书店里的那些词汇书都在强调自己方法的好处，包治所有词汇。其实这都是片面的，有的单词用词根词缀记忆好

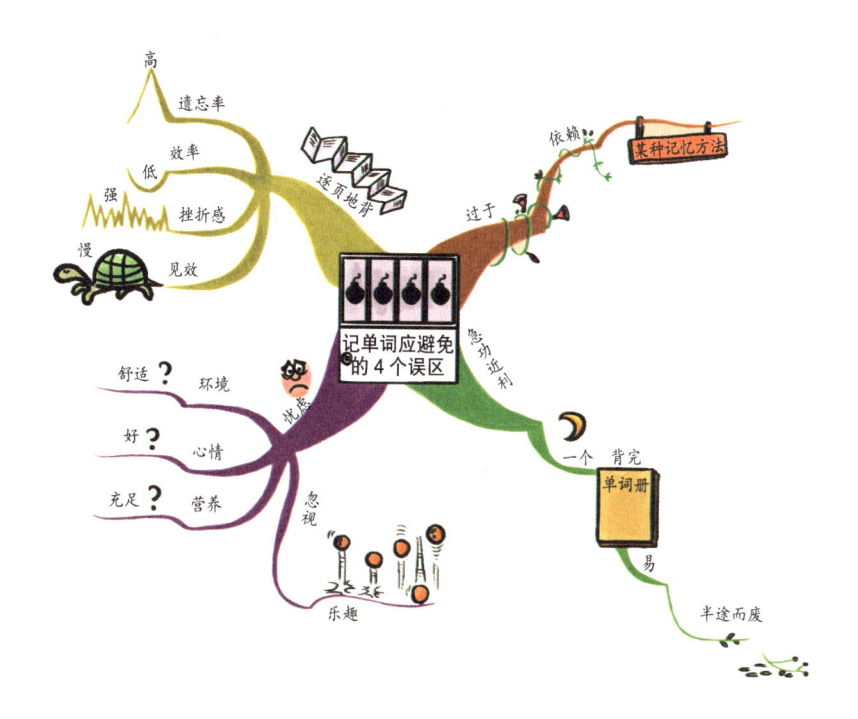

用，有的看单词的外观，然后发挥你的形象思维就记下了，有的单词通过把读音汉化就过目不忘。所以千万不要迷信某一种记忆方法。

（2）急功近利

不要奢望一个月内背下一本词汇书。也有同学背了三天，最多坚持一个星期就没信心了。强烈的挫折感打败了你，接下来就没有动静了。所以要循序渐进，哪怕一天背两个单词，坚持下去就很可观。

（3）把背单词当作痛苦

有些人背单词前要刻意选择舒适的环境，这里不能背，

105

那里不能背。一边背单词一边考虑中午吃点什么补充脑力。其实，你的担心是多余的。背单词是挑战大脑极限的乐事，要学会享受它才对。

（4）一页一页地背

有些同学觉得这页单词没背下，就不再往前翻。其实这样做效率非常低，遗忘率也高，挫折感强，见效也慢。

背单词就是重复记忆的过程，错开了时间去记忆单词，可能会多看几个单词，然后以一个长的时间周期去重复，这样达到了重复记忆的目的，减少大脑的厌倦。

第二节
人文知识记忆法

语文是青少年必修的基础学科。语文学习的一个重要环节就是记忆。中学阶段是人的记忆发展的黄金时代，如果在学习语文的过程中，青少年能够结合自身的年龄特点，抓住记忆规律，按照科学的记忆方法，必然会取得更好的学习效果。

下面简单介绍几种记忆语文知识的方法：

1. 画面记忆法

背诵古诗时，我们可以先认真揣摩诗歌的意境，将它幻化成一幅形象鲜明的画面，就能将作品的内容深刻地贮存在脑中。例如，读李白的《望庐山瀑布》时，可以根据诗意幻想出如下画面：山上云雾缭绕，太阳照耀下的庐山香炉峰好似冒着紫色的云烟，远处的瀑布从上飞流而下，水花四溅，犹如天上的银河从天上落下来。记住了这个壮观的画面，再细细体会，也就相当深刻地记住了这首诗。

2. 联想记忆法

这是按所要记忆内容的内在联系和某些特点进行分类和联结记忆的一种方法。

举一个简单的例子。如：若想记住文学作品和作者的名字，我们可以做这样的联想：

有一天，莫泊桑拾到一串《项链》，巴尔扎克认为是《守财奴》的，都德说是自己在突出《柏林之围》时丢失的，果戈

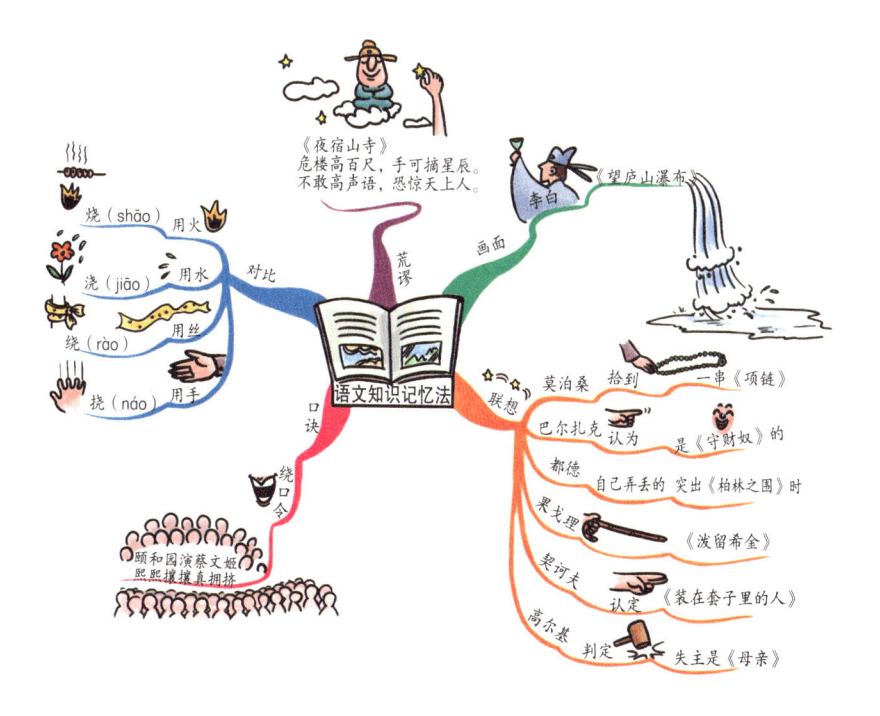

理说是《泼留希金》的,契诃夫则认定是《装在套子里的人》的。最后,大家去请高尔基裁决,高尔基判定说,你们说的这些失主都是男的,而男人是不用这东西的,所以,真正的失主是《母亲》。这样一编排,就把高中课本中的大部分外国小说名及其作者联结在一起了,复习时就如同欣赏一组轻快流畅的世界名曲一样,于轻松愉悦中不知不觉就牢记了下来。

3. 口诀记忆法

汉字部首中的"臣"在常用汉字中出现的只有"颐""姬""熙"3个。有人便把它们组编成两句绕口令:"颐和园演蔡文姬,熙熙攘攘真拥挤。"只要背出这个绕口令,不仅不会混淆这些带"臣"的字,而且其余带"臣"的汉字也不会误写。如历代的文学体裁及成就若归纳成如下几句,就有助于在我们头脑中形成清晰易记的纵向思路。西周春秋传《诗经》,战国散文两不同;楚辞汉赋先后现,《史记》《乐府》汉高峰;魏晋咏史盛五言,南北民歌有"双星";唐诗宋词元杂剧,小说成就数明清。

4. 对比记忆

汉字中有些字形体相似,读音相近,容易混淆,因此有必要加以归纳,通过对比来辨别和记忆。为了增强记忆效果,可将联想记忆法和口诀记忆法也加入其中。实为对比、归纳、谐音、联想、口诀五法并用。

(1) 巳(sì)满,已(yǐ)半,己(jǐ)张口。其中巳与4同音,已与1谐音,己与几同音,顺序为满半张对应4、1、几。

（2）用火烧（shāo），用水浇（jiāo），用丝绕（rào），用手挠（náo）；靠人是侥（jiǎo）幸，食足才富饶（ráo），日出为拂晓（xiǎo），女子更妖娆（ráo）。

（3）用手拾掇（duō），用丝点缀（zhuì），辍（chuò）学开车，啜（chuò）泣噘嘴。

（4）输赢（yíng）贝当钱，螺蠃（luǒ）虫相关，羸（léi）弱羊肉补，嬴（yíng）姓母系传。

（5）乱言遭贬谪（zhé），嘀（dí）咕用口说，子女为嫡（dí）系，鸣镝（dí）金属做。

（6）中念衷（zhōng），口念哀（āi），中字倒下念作衰（shuāi）。

（7）言午许（xǔ），木午杵（chǔ），有心人，读作忤（wǔ）。

（8）横戌（xū）点戍（shù）不点戊（wù），戎（róng）字交叉要记住。

（9）用心去追悼（dào），手拿容易掉（diào），棹（zhào）桨划木船，私名为绰（chuò）号。

（10）点撇仔细辨（biàn），争辩（biàn）靠语言，花瓣（bàn）结黄瓜，青丝扎小辫（biàn）儿。

5. 荒谬记忆法

比如在背诵《夜宿山寺》这首诗时，大部分同学要花五分钟才能把它背出来，可有一位同学只花了一分钟就背出来了，而且丝毫不差，这是什么原因呢？是不是这位同学聪明过人呢？

在同学们疑惑时，他说出了背诵的窍门：这首诗有四句话，只要记住两个词："高手""高人"，并产生这样的联想：住在山寺上的人是一位"高手"，当然又是一位"高人"。背诵时，由每个词再想想每句诗，连起来就马上背诵出来了。看来，这位同学已经学会用奇特联想法来记忆了。

运用奇特联想法记忆古诗的例子很多，如《古风》："春种一粒粟，秋收万颗子。四海无闲田，农夫犹饿死。"——"粟子甜（田）死了。"

语文有时需要背诵大段大段的文字。背诵时，应先了解全段文字的大意，再把全段文字按意思分成若干相对独立的层。每层选出一些中心词来，用这些中心词联结周围一定量的句子。回忆时，以中心词把句子带出来，达到快速记忆的效果。如背诵鲁迅散文诗《雪》中的一段：

"但是，朔方的雪花在纷飞之后，却永远如粉，如沙，他们决不粘连，撒在屋上、地上、枯草上，就是这样。屋上雪是早已就有消化了的，因为屋里居人的火的温热。别的，在晴天之下，旋风忽来，便蓬勃地奋飞，在日光中灿灿地生；光，如包藏火焰的大雾，旋转而且升腾，弥漫太空，使太空旋转而且升腾地闪烁。"

我们把诗文分为3层，并提出3个中心词：

（1）如粉。大脑浮现北方的纷飞大雪撒在屋上、地上、枯草上的图像。因为如粉，所以决不粘连。

（2）屋上。使我们想到屋内人生火，屋顶雪融化的图像。

（3）晴天旋风。想象一个壮观的场面：晴空下，旋风卷起雪花，旋转的雪花反射着阳光，在日光中灿灿地生光。

这样从中心词引起想象，再根据想象进行推理，背这一段就感到容易了。

意大利一所大学的教授做过这样的实验：挑选一位技艺中等的青年学生，让他每星期接受3～5天，每天一小时地背诵由3个数字、4个数组构成的数字训练。

每次训练前，他如果能一字不差地背诵前次所记的训练内容，就让他再增加一组数字。经过20个月约230个小时的训练，他起初能熟记7个数，以后增加到80个互不相关的数，而且在每次联系实际时还能记住80%的新数字，使得他的记忆力能与具有特殊记忆力的专家媲美。

第三节
数学知识记忆法

学习数学重在理解，但一些基本的知识，还是要能记住，用时才能忆起。所以记忆是学生掌握数学知识、深化和运用数学知识的必要过程。因此，如何克服遗忘，以最科学省力的方法记忆数学知识，对开发学生智力、培养学生能力有着重要的意义。

理解是记忆的前提和基础。尤其是数学，下面介绍几种在理解的前提下行之有效的记忆方法。

学好数学，要注重逻辑性训练，掌握正确的数学思维方法。

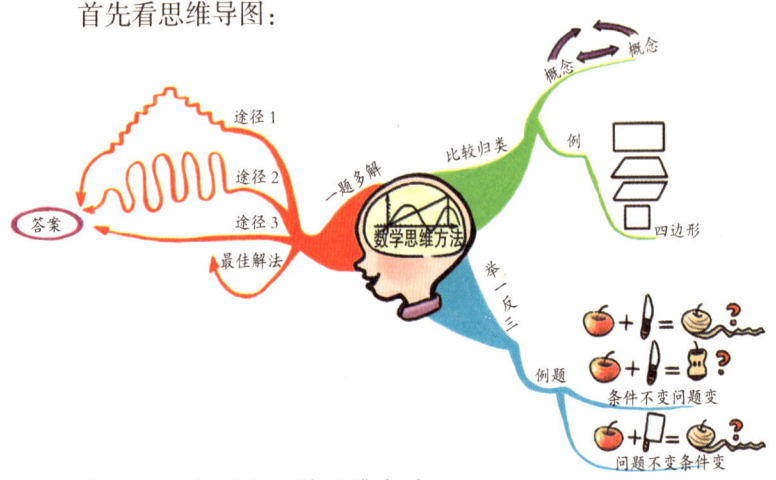

首先看思维导图：

在这里，主要有三种思维方法：

1. 比较归类法

这种方法要求我们对于相互关联的概念，学会从不同的角度进行比较，找出它们之间的相同点和不同点。例如，平行四边形、长方形、正方形、梯形，它们都是四边形，但又各有特点。在做习题的过程中，还可以将习题分类归档，总结出解这一类问题的方法和规律，从而使得练习可以少量而高效。

2. 举一反三法

平时注重课本中的例题，例题反映了对于知识掌握最主要、最基本的要求。对例题分析和解答后，应注意发挥例题以点带面的功能，有意识地在例题的基础上进一步变化，可以尝试从条件不变问题变和问题不变条件变两个角度来变换例题，以达到举一反三的目的。

3. 一题多解法

每一道数学题，都可以尝试运用多种解题方法，在平时做题的过程中，不应仅满足于掌握一种方法，还应该多思考，寻找出一道题更多的解答方法。一题多解的方法有助于培养我们沿着不同的途径去思考问题的好习惯，由此可产生多种解题思路，同时，通过"一题多解"，我们还能找出新颖独特的"最佳解法"。

除此之外，还可以进行：

4. 口诀记忆法

将数学知识编成押韵的顺口溜，既生动形象，又印象深刻不易遗忘。如圆的辅助线画法："圆的辅助线，规律记中间；弦与弦心距，亲密紧相连；两圆相切，公切线；两圆相交，公交弦；遇切点，作半径，圆与圆，心相连；遇直径，作直角，直角相对（共弦）点共圆。"又如"线段和角"一章可编成：

四个性质五种角，还有余角和补角；

两点距离一点中，角平分线不放松；

两种比较与度量，角的换算不能忘；

角的概念两种分，三线特征顺着跟。

其中四个性质是直线基本性质、线段公理、补角性质和余角性质；五种角指平角、周角、直角、锐角和钝角；两点距离一点中，指两点间的距离和线段的中点；两种比较是线段和角的比较；三线是指直线、射线、线段。

5. 联想记忆法

联想是感受到的新事物与记忆中的事物联系起来，形成一种新的暂时的联系。主要有接近联想、对比联想、相似联想等。特别是对某些无意义的材料，通过人为的联想、用有意义的材料作为记忆的线索，效果十分明显。如用"山间一寺一壶酒……"来记忆圆周率"3.14159……"等。

6. 分类记忆法

把一章或某一部分相关的数学知识经过归纳总结后，把同一类知识归在一起，就容易记住，如："二次根式"一章就可归纳成三类，即"四个概念、四个性质、四种运算"。其中四个概念指二次根式、最简二次根式、同类二次根式、分母有理化；四种运算是二次根式的加、减、乘、除运算。

第四节
化学知识记忆法

和数学一样，要牢牢记住化学知识，就必须建立在对化学知识理解的基础上。在理解的基础上，我们可以尝试以下几种方法：

1. 简化记忆法

化学需要记忆的内容多而复杂，同学们在处理时易东扯西拉，记不全面。克服它的有效方法是：先进行基本的理解，通过几个关键的字或词组成一句话，或分几个要点，或列表来简化记忆。这是记忆化学实验的主要步骤的有效方法。如：用六个字组成："一点、二通、三加热"，这一句话概括氢气还原氧化铜的关键步骤及注意事项，大大简化了记忆量。在研究氧气化学性质时，同学们可把所有现象综合起来分析、归纳得出如下记忆要点：

（1）燃烧是否有火；

（2）燃烧的产物如何确定；

（3）所有燃烧实验均放热。

抓住这几点就大大简化了记忆量。

氧气、氢气的实验室制法，同学们第一次接触，新奇但很陌生，不易掌握，可分如下几个步骤简化记忆：

（1）原理（用什么药品制取该气体）；

（2）装置；

（3）收集方法；

（4）如何鉴别。

如此记忆，既简单明了，又对以后学习其他气体制取有帮助。

2. 趣味记忆法

为了分散难点，提高兴趣，要采用趣味记忆方法来记忆有关的化学知识。如：氢气还原氧化铜实验操作要诀："氢气早出晚归，酒精灯迟到早退。前者颠倒要爆炸，后者颠倒要氧化。"

针对需要记忆的化学知识利用音韵编成，融知识性与趣味性于一体，读起来朗朗上口，易记易诵。如从细口瓶中向试管中倾倒液体的操作歌诀："掌向标签三指握，两口相对视线落。""三指握"是指持试管时用拇指、食指、中指握紧试管；"视线落"是指倾倒液体时要观察试管内的液体量，以防倾倒过多。

3. 编顺口溜记忆

初中化学中有不少知识容量大、记忆难、又常用，但很适合用编顺口溜方法来记忆。

如学习化合价与化学式的联系时可记为"一排顺序二标价，绝对价数来交叉，偶然角码要约简，写好式子要检查"。再如刚开始学元素符号时可这样记忆：碳、氢、氧、氮、氯、硫、磷；钾、钙、钠、镁、铝、铁、锌；溴、碘、锰、钡、铜、硅、银；氦、氖、氩、氟、铂和金。记忆化合价也是同学们比较伤脑筋的问题，也可编这样的顺口溜：钾、钠、银、氢＋1价；钙、镁、钡、锌＋2价；氧、硫－2价；铝＋3价。这样主要元素的化合价就记清楚了。

4. 归类记忆

对所学知识进行系统分类，抓住特征。如记各种酸的性质时，首先归类，记住酸的通性，加上常见的几种酸的特点，就能知道酸的化学性质。

5. 对比记忆

对新旧知识中具有相似性和对立性的有关知识进行比较，找出异同点。

第四章 | 对症下药记忆法

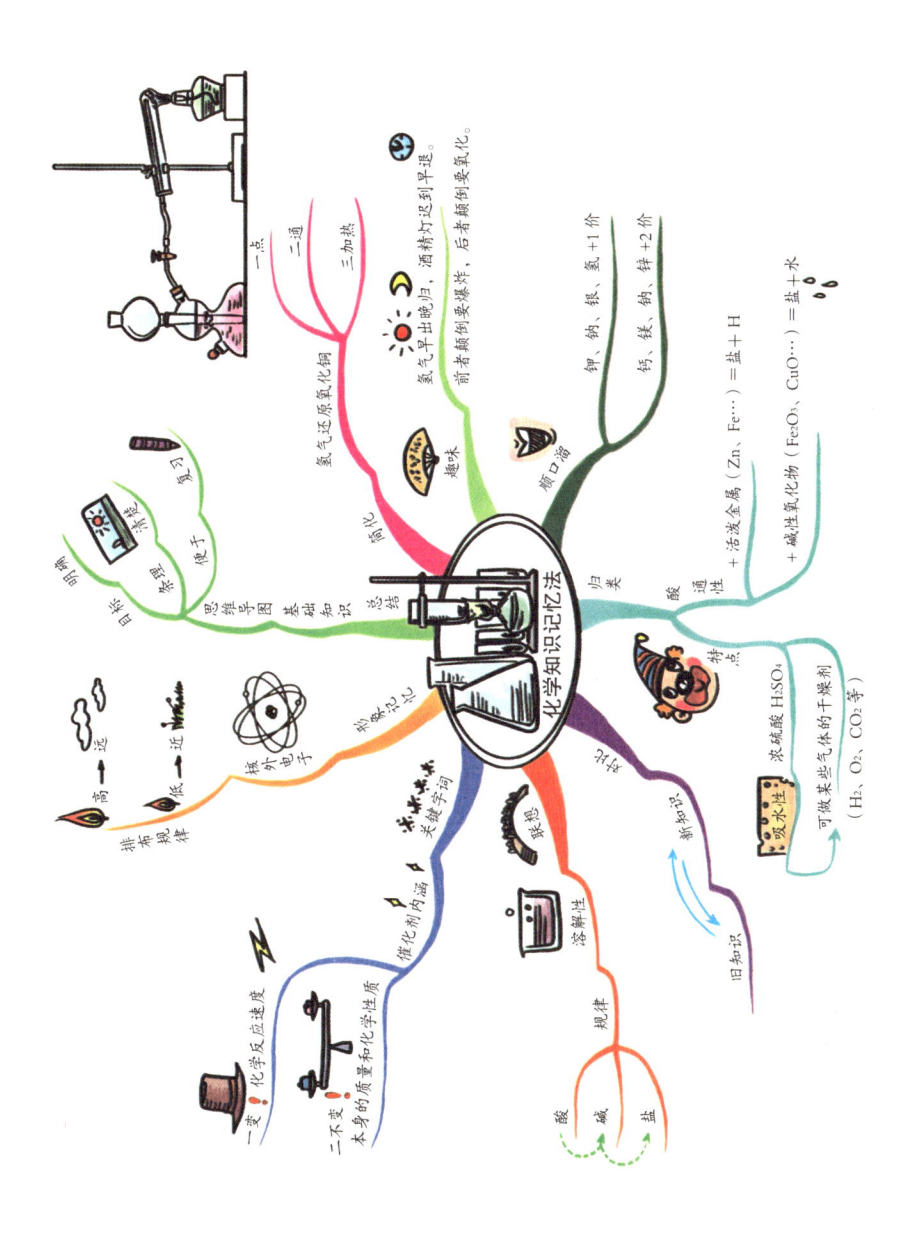

化学知识记忆法

- 简化
  - 氢气还原氧化铜
    - 一通
    - 二加热
    - 三加热
  - 趣味
    - 氢气早出晚归，酒精灯迟到早退。
    - 前者顺倒要爆炸，后者顺倒要氧化。
  - 顺口溜
    - 钾、钠、银、氢、+1价
    - 钙、镁、钠、锌、+2价
- 归类
  - 酸
    - 通性
      - +活泼金属（Zn、Fe…）= 盐+H
      - +碱性氧化物（Fe₂O₃、CuO…）= 盐+水
  - 特点
    - 浓硫酸 H₂SO₄
    - 吸水性
    - 可做某些气体的干燥剂
    - （H₂、O₂、CO₂等）
- 对比
  - 新知识 ⇄ 旧知识
- 规律
  - 溶解性
    - 酸
    - 碱
    - 盐
- 联想
  - 关键字词
    - 催化剂内涵
      - 化学反应速度
        - 一变
      - 本身的质量和化学性质
        - 二不变
- 形象记
  - 核外电子
    - 排布规律
      - 低 → 远
      - 高 → 近
- 总结
  - 思维导图基础知识
    - 复习
      - 清楚
      - 像于
    - 整理
      - 条理
      - 明晰
    - 目标

6. 联想记忆

把性质相同、相近、相反的事物特征进行比较，记住它们之间的区别联系，再回忆时，只要想到一个，便可联想到其他。如记酸、碱、盐的溶解性规律，不要孤立地记忆，要扩大联想。

把一些化学实验或概念可以用联想的方法进行记忆。在学习化学过程中应抓住问题特征，如记忆氢气、碳、一氧化碳还原氧化铜的实验过程可用实验联想、对比联想。再如将单质与化合物两个概念放在一起来记忆："由同（不同）种元素组成的纯净物叫作单质（化合物）。"

7. 关键字词记忆

这是记忆概念的有效方法之一，在理解基础上找出概念中几个关键字或词来记忆整个概念，如："能改变其他物质的化学反应速度（一变）而本身的质量和化学性质在化学反应前后都不变（二不变）"这一催化剂的内涵可用"一变二不变"几个关键字来记忆。

8. 形象记忆法

借助于形象生动的比喻，把那些难记的概念形象化，用直观形象去记忆。如核外电子的排布规律是："能量低的电子通常在离核较近的地方出现的机会多，能量高的电子通常在离核较远的地方出现的机会多。"这个问题是比较抽象的，不是一下子就可以理解的。

9. 总结记忆

将化学中应记忆的基础知识总结出来,用思维导图写在笔记本上,使得自己的记忆目标明确、条理清楚,便于及时复习。

第五节
历史知识记忆法

很多同学会对历史课产生浓厚的兴趣,因为它的内容纵贯古今、横揽中外,涉及经济、政治、军事、文化和科学技术等各个领域的发展和演变。但也由于历史内容繁杂,时间跨距大,记起来有一定的困难。所以很多人都有一种"爱上课,怕考试"的心理。这里介绍几种记忆历史知识的方法,帮助青少年克服这种困难,较快地掌握历史知识。

1. 归类记忆法

采取归类记忆法记忆历史,使知识条理化、系统化,不仅便于记忆,而且还能培养自己的归纳能力。这种方法用于历史总复习效果最好。

我们可以按以下几种线索进行归类:

(1)按不同时间的同类事件归纳

比如:我国古代八项著名的水利工程、近代前期西方列强连续发动的5次大规模侵华战争、20世纪30年代日本侵略中国制造的5次事变、新航路开辟过程中的4次重大远航、二战中同盟国首脑召开的4次国际会议,等等。

（2）把同一时间的不同事件进行归纳

如：1927年：上海工人第三次武装起义、"四一二"反革命政变、李大钊被害、"马日事变""七一五"反革命政变、"宁汉合流"、南昌起义、"八七"会议、秋收起义、井冈山革命根据地的建立、广州起义。

归类记忆法既有利于牢固记忆历史基础知识，又有利于加深理解历史发展的全貌和实质。

2. 比较记忆法

历史上有很多经常发生的性质相同的事件，如农民战争、政治改革、不平等条约，等等。这些事件有很多相似的地方，在记忆的时候，学生很容易把它们互相混淆。这时候采取比较记忆是最好的方法。

比较可以明显地揭示出历史事件彼此之间的相同点和不同点，突出它们各自的特征，便于记忆。但是，比较不能简单草率，要从各个方面、各个角度去细心

□ 实验证明，让学生自己控制学习的节奏有助于提高教学效率。

进行，尤其重要的是要注意搜求"同"中之"异"和"异"中之"同"。

如，中国的抗日战争期间，国共两党的抗战路线比较。郑和下西洋与新航路的开辟的比较。德、意统一的相同与不同的比较。对两次世界大战的起因、性质、规模、影响等进行比较，中国与西欧资本主义萌芽的对比。中国近代三次革命高潮的异同等。

用比较法记忆历史知识，既能牢固记忆，又能加深理解，一举两得。

3. 歌谣记忆法

一些历史基础知识适合用歌谣记忆法记忆。例：记忆中国工农红军长征路线："湘江、乌江到遵义，四渡赤水抛追敌，金沙彝区大渡河，雪山草地到吴起。"中国朝代歌："夏商西周继，春秋战国承；秦汉后新汉，三国西东晋；对峙南北朝，隋唐大一统；五代和十国，辽宋并夏金；元明清三朝，统一疆土定。"

应当注意的是，编写的歌谣，形式必须简短齐整，内容必须准确全面，语言力求生动活泼。

4. 图表记忆法

图表记忆法的特点是借助图表加强记忆的直观效果，调动视觉功能去启发想象力，达到增强记忆的目的。

秦、唐、元、明、清的疆域四至，可画直角坐标系。又如隋朝大运河图示，太平天国革命运动过程图示，中国工农红军长征过程图示等。

5. 巧用数字记忆法

历史年代久远，几乎每年都有不同的大事发生。如果要对历史有一个全面的了解，就必须记住年代。但历史年代本身枯燥乏味，难于记忆。有些历史年代，如封建社会起止年代，只能死记硬背。但也有些历史年代，可以采用一些好的方法。

（1）抓住年代本身的特征记忆

比如，蒙古灭金，1234年，四个数字按自然数顺序排列。马克思诞生，1818年，两个18。

（2）抓重大事件间隔距离记忆

比如：第一次国内革命战争失败，1927年；抗日战争爆发，1937年；中国人民解放军转入反攻，1947年。三者相隔都是10年。

（3）抓重大历史事件的因果关系记年代

比如：1917年十月革命，革命制止战争，1918年第一次世界大战结束；巴黎和会拒绝中国的正义要求，成为1919年五四运动的导火线；五四运动把新文化运动推向新阶段，传播马克思主义成为主流，1920年共产主义小组出现；马克思主义同工人运动相结合，1921年中国共产党诞生。

（4）概括为一二三四五六来记

比如：隋朝大运河的主要知识点：一条贯通南北的交通大动脉；用了二百万人开凿，全长两千多公里；三点，中心点是洛阳、东北到涿郡、东南到余航；四段是永济渠、通济渠、邗沟和江南河；连接五条河：海河、黄河、淮河、长江和钱塘江；经六省：冀、鲁、豫、皖、苏、浙。

（5）分时间段记忆

比如："二战"后民族解放运动，分为三个时期，第一时期时间为1945年至20世纪50年代中，第二时期为20世纪50年代中至20世纪60年代末，第三时期为20世纪70年代初至现在。将其概括为三个数，即10、15、20多；因是"二战"后民族解放运动，记住"二战"结束于1945年，那么按10、15、20多三个数字一排，就可牢固记住每个时期的时间了。

6.规律记忆法

历史发展有其规律性。提示历史发展的规律，能帮助记忆。例如，重大历史事件，我们都可以从背景、经过、结果、影响等方面进行分析比较，找出规律。如：资产阶级革命爆发的原因虽然很多，但其根源无非是腐朽的封建政权严重地阻碍了资本主义的发展。

在学习过程中，我们可以寻找具有规律性的东西，如：在资产阶级革命过程中，英国、法国、美国三国资产阶级革命爆发的原因都是：反动的政治统治阻碍了国内资本主义的发展，要发展资本主义，就必须起来推翻反动的政治统治。而三国的革命，又都有导火线、爆发标志、主要领导人、文件的颁布等。在发展资本主义方式上，俄国和日本都是通过自上而下的改革来完成的，意大利和德意志则是通过完成国家统一来进行的。

7. 荒谬记忆法

想法越奇特，记忆越深刻。如：民主革命思想家陈天华有两部著作《猛回头》《警世钟》，记法为一边想"一个叫陈天华的人猛回头撞响了警世钟，一边做转头动作，同时发出钟声响"。军阀割据时，曹锟、段祺瑞控制的地盘及其支持者可联想为"曹锟靠在一棵日本梨（直隶）树（江苏）上，饿（鄂——湖北）得快干（赣——江西）了。段祺瑞端着一大碗（皖——安徽）卤（鲁——山东）面（闽——福建），这（浙江）也全靠日本撑着呀！"

当然，记忆的方法多种多样，还有直观形象记忆法、联系实际记忆法、分解记忆法、重复记忆法、推理记忆法、信号记忆法、卡片记忆法等。在实际学习中，要根据自己的实际情况，选择适合自己的记忆方法。只要大家掌握了其中的一种甚至几种方法，学习历史就不再是可望而不可即的事了。

第六节
物理知识记忆法

物理记忆主要以理解为主，在理解的基础上我们在这里简单介绍几种物理记忆方法。

1. 观察记忆法

物理是一门实验科学，物理实验具有生动直观的特点，通过物理实验可加深对物理概念的理解和记忆。例如，观察水的沸腾。

（1）观察水沸腾发生的部位和剧烈程度可以看到，沸腾时水中发生剧烈的汽化现象，形成大量的气泡，气泡上升、变大，到水面破裂开来，里面的水蒸气散发到空气中，就是说，沸腾是在液体内部和表面同时进行的剧烈的汽化现象。

（2）对比观察沸腾前后物理现象的区别。沸腾前，液体内部形成气泡并在上升过程中逐渐变小，以至未到液面就消失了；沸腾时，气泡在上升过程中逐渐变大，达到液面破裂。

（3）通过对数据定量分析，可以得出沸腾条件：①沸腾只在一定的温度下发生，液体沸腾时的温度叫沸点；②液体沸腾需要吸热。以上两个条件缺少任何一个条件，液体就不会沸腾。

2. 比较记忆法

把不同的物理概念、物理规律，特别是容易混淆的物理知识，进行对比分析，并把握住它们的异同点，从而进行记忆的方法叫作比较记忆法。例如，对蒸发和沸腾两个概念可以从发生部位、温度条件、剧烈程度、液化温度变化等方面进行对比记忆。又如串联电路和并联电路，可以从电路图、特点、规律等方面进行记忆。

3. 图示记忆法

物理知识并不是孤立的，而是有着必然的联系，用一些线段或有箭头的线段把物理概念、规律联系起来，建立知识间的联系点，这样形成的方框图具有简单、明了、形象的特点，可帮助我们对知识的理解和记忆。

4. 浓缩记忆法

把一些物理概念、物理规律，根据其含义浓缩成简单的几个字，编成一个短语进行记忆。例如，记光的反射定律时，把涉及的点、线、面、角的物理名词编成一点（入射点）、三线（反射光线、入射光线、法线）、一面（反射光线、入射光线、法线在同一平面内）、二角（反射角、入射角）短语来加深记忆。

记凸透镜成像规律时，可用"一焦分虚实，二焦分大小""物近、像远、像变大"短语来记忆。即当凸透镜成实像时，像与物是朝同方向移动的。当物体从很远处逐渐靠近凸透镜的一倍焦距时，另一侧的实像也由一倍焦距逐渐远离凸透镜到大于二倍焦距以外，且像距越大，像也越大，反之亦然。

5. 口诀记忆法

如力的图示法口诀。

你要表示力，办法很简单。选好比例尺，再画一段线，长短表大小，箭头示方向，注意线尾巴，放在作用点。

物体受力分析：

施力不画画受力，重力弹力先分析，摩擦力方向要分清，多、漏、错、假须鉴别。

牛顿定律的适用步骤：

画简图、定对象、明过程、分析力；选坐标、做投影、取分量、列方程；求结果、验单位、代数据、做答案。

6. 三多法

所谓"三多"，是指"多理解，多练习，多总结"。多理解就是紧紧抓住课前预习和课上听讲，要认真听懂；多练习，就是课后多做习题，真正掌握；多总结，就是在考试后归纳分析自己的错误、弱项，以便日后克服，真正弄清自己的优势和弱点，从而明白日后听课时应多理解什么地方，课下应多练习什么题目，形成良性循环。

7. 实验记忆法

下面介绍一些行之有效的物理实验复习法：

（1）通过现场操作复习

把实验仪器放在实验桌上，根据实验原理、目的、要求进行现场操作。

（2）通过信息反馈复习

就那些在实验过程中发生、发现的问题进行共同讨论，及时纠错，达到复习巩固物理概念的目的。

（3）通过是非辨析复习

在实验复习中有意在仪器的连接或安装、实验的步骤、读数记数等方面设置一些错误，目的是让自己分辨是非，明确该怎么做好某个实验。

（4）通过联系复习

在复习某一个实验时，可以把与之相关的其他实验联系起来复习。

第七节
地理知识记忆法

思维导图中几种行之有效的看图方法是很多学习高手总结出来的学习经验，对学习地理帮助很大，具体论述如下：

1. 形象记忆法

仔细观察中国地图，湖南就像一个人头像；山东就相当于一个鸡腿；黑龙江好像一只美丽的天鹅站在东北角上；青海省的轮廓则像一只兔子，西宁就好似它的眼睛。

把图片用生动的比喻联系起来就很容易记忆了。

地理知识的形象记忆是相对于语义记忆而言的，是指学生通过阅读地图和各类地理图表、观察地理模型和标本、参加地理实地考察和实验等途径所获得的地理形象的记忆。如学习"经线"和"纬线"这两个概念，学生观察经纬仪后，便能在头脑中形成经纬仪的表象，当需要时，头脑中的经纬仪表象便能浮现在眼前，从而将"经线"和"纬线"的概念正确地表述出来，这就是形象记忆。由于地理事物具有鲜明、生动的形象性，所以形象记忆是地理记忆的重要方法之一。尤其当形象记忆与语义记忆有机结合时，记忆效果将成倍增加。

下面有一些更加形象的例子可以帮助你记忆它们：

2. 简化记忆法

简化记忆法实际上就是将课本上比较复杂的图片加以简

化的一种方法。比如中国的铁路分布线路图看起来特别的复杂，其实只要你用心去看，就能把图片分割成几个版块，以北京为中心可形成一个放射线状的图像。

3. 直观读图法

适用于解释地理事物的空间分布，如中国山脉的走向，盆地、丘陵的分布情况等。用图像记忆法揭示地理事物现象或本质特征，可以激发跳跃式思维，加快记忆。这种方法多用于记忆地理事物的分布规律、记忆地名、记忆各种地理事物特点及它们之间相互影响等知识。

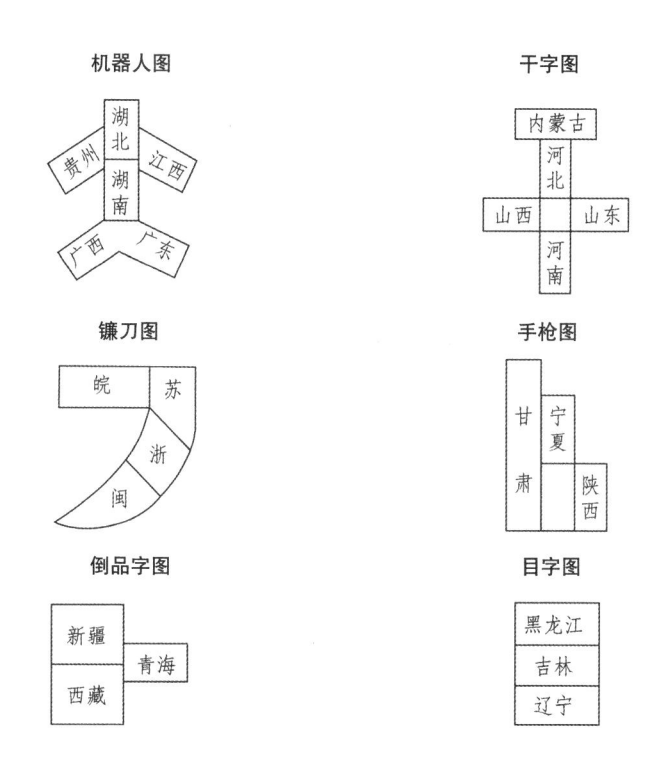

机器人图

湖北 江西
贵州 湖南
广西 广东

干字图

内蒙古
河北
山西 山东
河南

镰刀图

皖 苏
浙
闽

手枪图

甘肃 宁夏
陕西

倒品字图

新疆 青海
西藏

目字图

黑龙江
吉林
辽宁

思维导图 | 超级记忆术

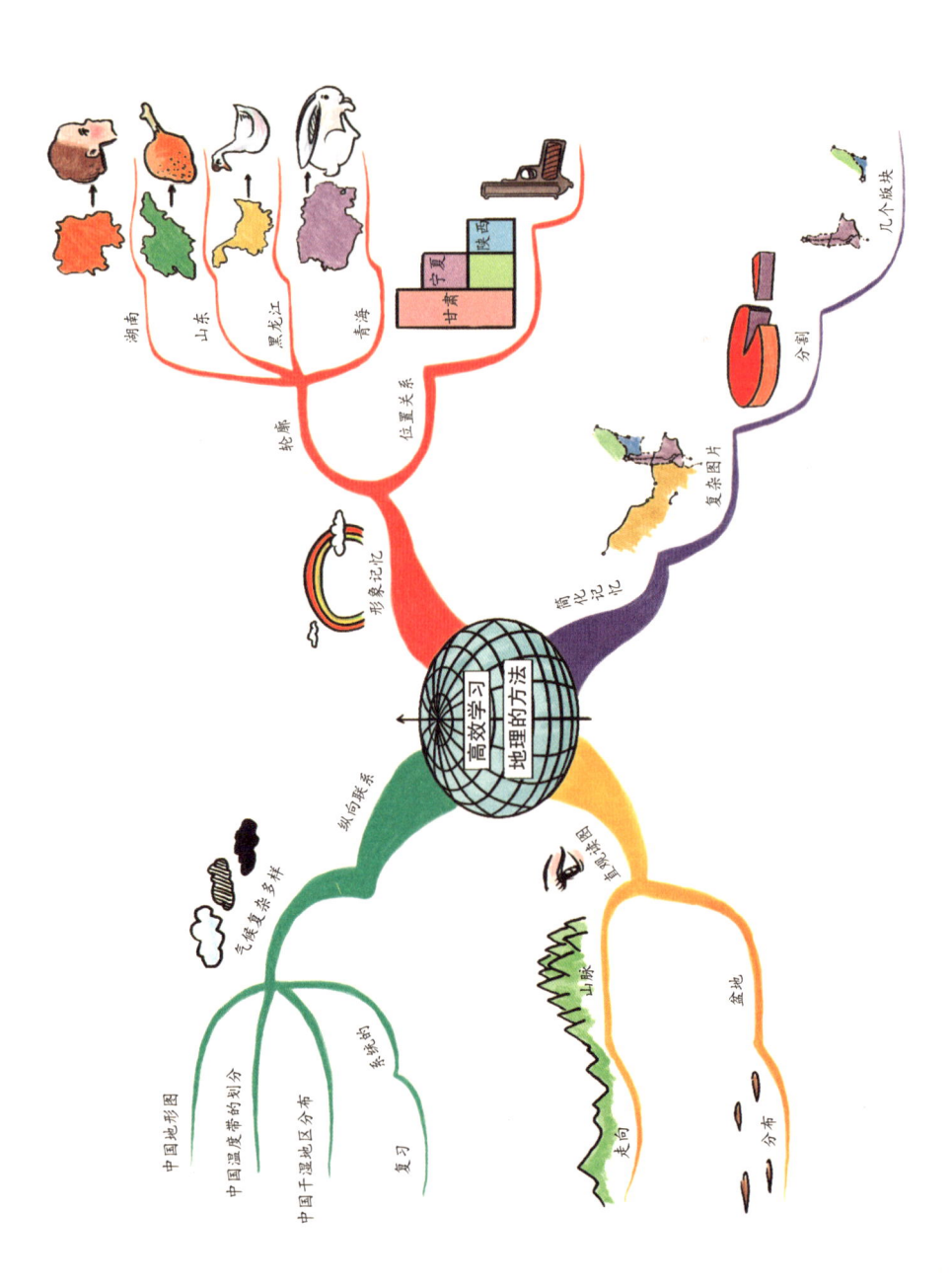

高效学习地理的方法

- 形象记忆
  - 轮廓
    - 湖南
    - 山东
    - 黑龙江
    - 青海
  - 位置关系
    - 甘肃
    - 宁夏
    - 陕西
- 简化记忆
  - 复杂图片
    - 分割
    - 几个版块
- 纵向联系
  - 气候复杂多样
  - 复习
    - 中国地形图
    - 中国温度带的划分
    - 中国干湿地区分布
    - 系统的
- 直观读图
  - 山脉
    - 走向
  - 盆地
    - 分布

例如，我国煤炭资源分布，主要有山西、内蒙古、陕西、河南、山东、河北等，省区名称多，很难记。可以用图像记忆法读图，在图上找到山西省，明确山西省是我国煤炭资源最丰富的省，再结合我国煤炭资源分布图，找出分布规律：它们以山西省为中心，按逆时针方向旋转一周，即可记住这些省区的名称，陕西以北是内蒙古、以西是陕西、以南是河南、以东是山东和河北。接着，在图上掌握我国煤炭资源还分布在安徽和江苏省北部，以及边远省区的新疆、贵州、云南、黑龙江。

4. 纵向联系法

学习地理也和其他知识一样，有一个循序渐进、由浅入深的过程。如中国气候特点之一的"气候复杂多样"，就联系"中国地形图""中国干湿地区分布"以及"中国温度带的划分"等图形，然后才能得出自己的结论。同时，你在此基础上又可以联系学习世界气候类型及其分布，这样你就可以把有关气候的章节系统地复习，以后碰到这方面的考题你就可以游刃有余了。

除此之外，还有几种值得学生尝试的记忆方法：

5. 口诀记忆法

例1：地球特点：赤道略略鼓，两极稍稍扁。自西向东转，时间始变迁。南北为纬线，相对成等圈。东西为经线，独成平行圈；赤道为最长，两极化为点。

例2：气温分布规律：气温分布有差异，低纬高来高纬低；陆地海洋不一样，夏陆温高海温低，地势高低也影响，每千米相差6℃。

6. 分解记忆法

分解记忆法就是把繁杂的地理事物进行分类，分解成不同的部分，便于逐个"歼灭"的一种记忆方法。如要记住人口超过1亿的10个国家：中国、印度、美国、印度尼西亚、巴西、俄罗斯、日本、孟加拉国、尼日利亚和巴基斯坦，单纯死记硬背很难记住，且容易忘记。采用分解记忆法较易掌握，即在熟读这10个国家的基础上分洲分区来记：掌握北美、南美、欧洲、非洲有一个，分别是美国、巴西、俄罗斯、尼日利亚。其余6个国家是亚洲的。亚洲的又可分为3个地区，属东亚的是中国、日本；属东南亚的有印度尼西亚；属南亚的有印度、孟加拉国、巴基斯坦。

7. 表格记忆法

就是把内容容易混淆的相关的地理知识，通过列表进行对比而加深理解记忆的一种方法。它用精炼醒目的文字，把冗长的文字叙述简化，使条理清晰，能对比掌握有关地理知识。例如，世界三次工业技术革命，可通过列表比较它们的年代、主要标志、主要工业部门和主要工业中心，重点突出，一目了然。这种方法有利于提高学生的概括能力，开拓学生的求异思维，强化应变能力，提高理解记忆。

8. 归纳记忆法

就是通过对地理知识的分类和整理，把知识联系在一起，形成知识结构，以便记忆的方法。它使分散的趋于集中，零碎的组成系统，杂乱无章的变得有条不紊。例如，要记住我国的土地资源、生物资源、矿产资源的特点，可归纳它们的共同之处是类型多样，分布不均；再记住它们不同的特点，就可以把土地资源、生物资源和矿产资源的特点全掌握了。

9.荒谬记忆法

荒谬记忆法指利用一些离奇古怪的联想方法，把零散的地理知识串到一块在大脑中形成一连串物象的记忆方法。通过奇特联想，能增强知识对我们的吸引力和刺激性，从而使需要记忆的内容深刻地烙在脑海中。如柴达木盆地中有矿区和铁路，记忆时可编成"冷湖向东把鱼打（卡），打柴（大柴旦）南去锡山（锡铁山）下，挥汗（察尔汗）砍得格尔木，火车运送到茶卡"。

总之，地理记忆的方法多种多样，学生根据不同的地理知识采取不同的记忆方法就可以达到记而不忘、事半功倍的效果。